Srinivas Sathapathy
Suman Kumari Joshi

Anatomia da Artéria Coronária da Cabra (Capra hircus)

Srinivas Sathapathy
Suman Kumari Joshi

Anatomia da Artéria Coronária da Cabra (Capra hircus)

ScienciaScripts

Imprint

Any brand names and product names mentioned in this book are subject to trademark, brand or patent protection and are trademarks or registered trademarks of their respective holders. The use of brand names, product names, common names, trade names, product descriptions etc. even without a particular marking in this work is in no way to be construed to mean that such names may be regarded as unrestricted in respect of trademark and brand protection legislation and could thus be used by anyone.

Cover image: www.ingimage.com

This book is a translation from the original published under ISBN 978-620-2-06573-3.

Publisher:
Sciencia Scripts
is a trademark of
Dodo Books Indian Ocean Ltd. and OmniScriptum S.R.L publishing group

120 High Road, East Finchley, London, N2 9ED, United Kingdom
Str. Armeneasca 28/1, office 1, Chisinau MD-2012, Republic of Moldova, Europe
Printed at: see last page
ISBN: 978-620-7-86750-9

ÍNDICE DE CONTEÚDOS

Prefácio

Este livro tem como objetivo dar um conhecimento abrangente aos estudantes, investigadores e clínicos sobre a anatomia macroscópica e a histoarquitectura da artéria coronária na cabra (*Capra hircus*). Isto ajudará imensamente, especialmente os clínicos veterinários, a determinar a localização e a estrutura histológica da artéria coronária em vários grupos etários de cabras, no tratamento de vários problemas cardíacos e na sua correlação com outros animais domésticos.

Dr. Srinivas Sathapathy, M.V.Sc.

LISTA DE ABREVIATURAS

et al.	Ethically all
Fig.	Figure
G	Group
H & E	Haematoxylin and Eosin
LCM	Left Coronary Artery at Middle
LCO	Left Coronary Artery at Origin
LCT	Left Coronary Artery at Termination
PAS	Periodic Acid Schiff's
RCM	Right Coronary Artery at Middle
RCO	Right Coronary Artery at Origin
RCT	Right Coronary Artery at Termination
Viz.	It is permitted to see
μ	Micron
μm	Micrometer

INTRODUÇÃO

A cabra tem uma história de origem e domesticação que remonta a 7500 a 7000 a. C. A cabra domesticada (*Capra hircus*) é descendente do Pasang (*Capra aegagrus*), a cabra Bezoer, que é o antepassado da raça atual e o primeiro ruminante a ser domesticado.

A domesticação das cabras foi efectuada durante o Neolítico, com o cultivo de cereais. Primeiro foram domesticadas as cabras e as ovelhas, depois o gado bovino e o porco e, por fim, os animais de tração, como o cavalo e o burro.

Embora a Índia seja um país agrícola, não está a dar resposta às necessidades alimentares da população em crescimento. As cabras estão a atrair a atenção da indústria pecuária devido ao seu potencial para a produção de carne, couro e leite, especialmente em países em desenvolvimento como a Índia. As cabras são espécies pecuárias muito importantes devido à sua capacidade de se sustentarem em vegetação escassa e em condições climáticas extremas e de converterem alimentos fibrosos e forragens em carne de qualidade. A cabra proporciona não só um rendimento suplementar, mas também meios de subsistência a milhões de pequenos agricultores marginais e trabalhadores sem terra nas zonas rurais da Índia. Por isso, é considerada como a vaca do pobre. Cerca de 90 por cento da população mundial de cabras encontra-se na Ásia e em África. Segundo Anon (2007), o efetivo caprino total da Índia é de cerca de 140,53 milhões de cabeças, o mais elevado do mundo.

A carne de cabra é um alimento de eleição na Ásia e noutros continentes. Quase 95 por cento da carne de cabra produzida no país é consumida localmente. A disponibilidade de carne per capita é, portanto, muito inferior às necessidades. A produção de caprinos tem, por conseguinte, um potencial considerável, tanto para satisfazer as necessidades de carne no país como para exportação. O carácter único da espécie, que permite obter mais rendimentos num curto período de tempo, atraiu mais estudos sobre ela, a fim de aumentar a população de caprinos. A economia global da indústria caprina depende do crescimento do indivíduo, que está direta ou indiretamente relacionado com um sistema circulatório saudável.

O sistema circulatório desempenha um papel vital no bom funcionamento do corpo dos animais. Faz circular o sangue e a linfa por todo o corpo. É constituído pelo coração, vasos sanguíneos e vasos linfáticos. Desempenha a função vital de transportar os nutrientes através das substâncias alimentares digeridas para as células do corpo. Ajuda na remoção de produtos residuais e venenos do corpo e em vários outros processos corporais, como a proteção contra várias doenças e a manutenção da homeostase térmica. Também desempenha um papel importante na respiração, fornecendo oxigénio arterial às células e removendo o dióxido de carbono das mesmas, mantendo assim o corpo em condições saudáveis.

O coração é o órgão central do sistema circulatório, que bombeia o sangue oxigenado para todas as partes do corpo e recolhe o sangue desoxigenado para o bombear para os pulmões para purificação. Para o seu bom funcionamento, necessita de irrigação sanguínea, que é fornecida pelas artérias coronárias esquerda e direita. As artérias coronárias são os primeiros vasos sanguíneos que têm origem na aorta ascendente. As artérias coronárias estendem-se da aorta até às paredes do coração e fornecem sangue às aurículas, aos ventrículos e ao septo do coração. Uma vez que fornecem sangue oxigenado ao coração, fazem parte, por definição, da circulação sistémica.

A artéria coronária, quando saudável, é capaz de autorregulação para manter o fluxo sanguíneo coronário a níveis adequados às necessidades do músculo cardíaco. Com o avançar da idade, estes vasos são normalmente obstruídos por materiais gordos, provocando doenças coronárias como a aterosclerose, angina ou enfarte do miocárdio, degenerações do miocárdio, etc.

Devido às semelhanças em muitos dos sistemas entre os animais e o ser humano, os animais tornaram-se sempre uma escolha de interesse para fins de investigação, o que indiretamente ajuda o ser humano. O presente estudo ajudaria a explorar novas vias e forneceria informações fundamentais para a investigação futura destinada a elucidar a importância das alterações relacionadas com a idade nas artérias coronárias de cabras em diferentes grupos etários, com os seguintes objectivos

1. Estudar a estrutura histológica da artéria coronária em caprinos.
2. Estudar a micrometria da artéria coronária em diferentes grupos etários em caprinos.
3. Estudar as alterações histoquímicas da artéria coronária em função da idade em

REVISÃO DA LITERATURA

Anatomia macroscópica:

Yang *et al.* (1989) estudaram a origem das artérias coronárias em cabras e relataram que as artérias coronárias esquerda e direita surgiram dos seios aórticos esquerdo e direito, respetivamente.

Junior e Cesar (2009) descreveram que a artéria coronária esquerda era mais longa que a direita, que cursava entre o átrio esquerdo e o tronco pulmonar, atingia o sulco atrioventricular e se dividia em ramos paraconais interventriculares e circunflexos. Observaram que o ramo paraconal interventricular descia ao longo do sulco longitudinal esquerdo, atingia a incisura apical e se anastomosava com os ramos da artéria coronária direita ao nível do sulco longitudinal direito. Verificaram que a paraconal interventricular emitia ramos para ambos os ventrículos terminando mais frequentemente no sulco subsinuoso interventricular. Registaram ainda que o ramo circunflexo, contornando o sulco transverso caudalmente, atingia o sulco longitudinal direito e descia juntamente com este, dando ramos para o ventrículo esquerdo e para a aurícula direita.

Histologia:

Gross *et al.* (1934) descreveram que o vaso coronário maior do ser humano era constituído por três camadas principais: adventícia, média e íntima. Afirmaram que a adventícia era constituída por uma malha de tecido conjuntivo, sendo que a camada interna tinha fibras elásticas que corriam em grande parte numa direção circular. Referiram que a densidade do tecido conjuntivo da adventícia aumentava com a idade. Observaram que a média era constituída maioritariamente por músculos lisos, dispostos circularmente, e que, entre estas células musculares lisas, havia a presença de elementos elásticos dispostos circularmente, que eram geralmente mais visíveis nas camadas exteriores da média. Os autores demonstraram que a íntima era constituída por células endoteliais planas, uma camada músculo-elástica e uma camada de tecido conjuntivo, que continha sobretudo fibras de colagénio. Registaram ainda que as camadas da íntima aumentavam de espessura com a idade até que a íntima acabava por se tornar consideravelmente mais espessa do que a média. Afirmaram também que a calcificação e as alterações ateroscleróticas ocorriam na íntima com o avançar da idade.

Levene (1956) descobriu que o local comum de bloqueio era na junção das artérias coronárias descendente anterior esquerda e circunflexa em seres humanos e relatou o desgaste da lâmina elástica interna das artérias coronárias com o avanço da idade.

Ham e Leeson (1961) relataram a divisão da lâmina elástica interna em duas camadas no final da idade adulta em seres humanos. Referiram que a camada intermédia, a túnica média, era a mais desenvolvida das três túnicas que constituíam a maior parte da parede da artéria coronária e consistia principalmente em músculos lisos, dispostos circular ou concentricamente, unidos para formar um todo coeso por fibras reticulares, colagénicas e elásticas delicadas. Verificaram também que a túnica adventícia era a camada mais externa de uma artéria e era constituída por tecido conjuntivo irregularmente disposto, com fibras colagénicas e elásticas. Também notaram a presença de pequenos vasos sanguíneos na túnica adventícia da artéria, conhecidos como vasa vasorum.

Boucek *et al.* (1963) afirmaram que as artérias coronárias direita e circunflexa no cão consistiam em segmentos sequenciais de músculos que surgiam e se inseriam na adventícia, enquanto o ramo descendente anterior tinha um padrão muscular distintamente diferente. Eles também relataram que seis feixes musculares ocorriam em segmentos curtos de 0,6 mm de comprimento na artéria coronária direita, enquanto apenas quatro se organizavam em segmentos mais longos de 1,6 mm de comprimento na artéria circunflexa.

Yohro e Burnstock (1973) relataram a presença de almofadas intimais nos locais de ramificação nas artérias coronárias de vertebrados. Afirmaram que a maioria das células endoteliais das artérias coronárias eram planas e do tipo escamoso com uma região nuclear ligeiramente elevada. Verificaram que as células endoteliais tinham uma forma fusiforme que se projectava mais proeminentemente para o lúmen nos locais das almofadas. Demonstraram ainda que as almofadas tinham duas camadas diferentes de músculo liso e que havia uma camada de células musculares lisas orientadas longitudinalmente na túnica adventícia nos locais de ramificação das artérias coronárias em vertebrados.

Rapola e Pesonen (1977) estudaram as alterações da íntima e da túnica média da artéria coronária esquerda de recém-nascidos através de microscopia de luz e eletrónica e verificaram que a fase edematosa era seguida pela proliferação de células musculares lisas e indiferenciadas, levando ao espessamento da parede arterial.

Tyagi e Dadgar (1978) relataram um aumento gradual da espessura da íntima até à quarta década no ser humano, que foi mais pronunciado na artéria coronária esquerda e depois mostrou uma queda gradual. Encontraram muitas alterações, como reduplicação, fragmentação e condensação em conglomerados menores na lâmina elástica interna de ambas as artérias.

Dellmann e Brown (1981) afirmaram que as artérias musculares eram caracterizadas por uma túnica média espessa, que consistia principalmente em células musculares lisas sob a forma de envoltórios circulares ou helicoidais de duas a mais de 40 camadas de células de espessura, intercaladas por poucas fibras elásticas e de colagénio.

Lorenz e Hunigen (1989a) efectuaram estudos exaustivos sobre o trabeculaseptomarginalis de bovinos, suínos e cabritos pigmeus e verificaram que o diâmetro das artérias coronárias intramurais era de 100 a 800 microns. Afirmaram que os espessamentos músculo-elásticos da íntima eram reconhecíveis, o que poderia resultar em estreitamentos concêntricos luminal de alto grau.

Lorenz e Hunigen (1989b) demonstraram a existência de espessamentos musculo-elásticos da íntima nas artérias coronárias intramurais do trabeculaseptomarginalis em cabras pigmeus. Os autores referiram que o grau de estenose era de 69% em porcos de 6 meses, 43% em cabras pigmeus de 1-6 meses e 35% em cabras pigmeus de 4-7 anos. Relacionaram o grau de espessamento da íntima com o diâmetro arterial (r = -0,60), sendo os mais fortes encontrados em pequenos vasos de 100 a 200 microns. Por fim, concluíram que as estenoses diminuíam com o aumento do diâmetro arterial durante o envelhecimento.

Lorenz e Guski (1990) estudaram as trabeculaseptomarginalis de suínos e cabras pigmeus e registaram os espessamentos músculo-elásticos da íntima ao longo de todo o comprimento de todas estas artérias coronárias intramurais. Eles relataram que o diâmetro da artéria coronária intramural varia entre 50 e 300 microns.

Dodge *et al.* (1992) observaram oitenta e três arteriogramas em seres humanos e relataram que as mulheres tinham um diâmetro epicárdico menor do que os homens e que o diâmetro do lúmen não era afetado pela idade ou pela tortuosidade do vaso. Verificaram que havia um aumento significativo do diâmetro do lúmen nos homens, que estava associado à hipertrofia ventricular esquerda ou à cardiomiopatia dilatada.

Awal *et al.* (2001) estudaram a artéria coronária da cabra preta de Bengala e referiram que a parede da artéria coronária era constituída pela túnica íntima, túnica média e túnica externa. Verificaram que a túnica íntima consistia numa única camada de endotélio achatado, a túnica média era bem desenvolvida e composta principalmente por células musculares lisas juntamente com algumas fibras elásticas finas e a túnica externa consistia predominantemente em fibras de colagénio com algumas fibras elásticas e células musculares lisas. Observaram também que as fibras elásticas na túnica externa formavam uma disposição circular à volta da túnica média. Por fim, concluíram que não havia alteração na estrutura microscópica da artéria coronária em homens e mulheres.

Parmar (2002) descreveu que as artérias musculares tinham uma lâmina elástica interna bem definida, mas que a lâmina elástica externa estava rompida e mal definida nos caprinos.

Barry *et al. (2003)* tentaram elucidar as causas de oclusão das artérias radiais utilizadas para revascularização do miocárdio, estudando a biometria e a histologia das artérias coronárias, radiais e torácicas internas esquerdas em seres humanos. Observaram que não havia correlação entre os calibres internos dessas diversas artérias, exceto nas artérias interventricular anterior e coronária direita. Observaram alterações intimais e presença de placa ateromatosa nas artérias coronárias e radiais, mas ausentes na artéria torácica interna. Verificaram que as paredes das artérias radial e coronária continham vários nervos adventícios, que não foram observados na parede da artéria torácica interna esquerda. Por fim, relataram que as artérias elásticas se caracterizavam pela perda de uma ou várias lâminas elásticas da média e por um espessamento intimal mais acentuado, numa extensão variável com o avançar da idade.

Dhall *et al.* (2003) efectuaram estudos exaustivos sobre as diferenças entre os sexos na histomorfometria das artérias coronárias em seres humanos e referiram que o diâmetro médio do lúmen dos vasos era maior nos homens do que nas mulheres, mas que, em relação ao peso do coração, as artérias coronárias eram mais largas nas mulheres, o que sugere um melhor fluxo coronário nas mulheres. Verificaram que a túnica íntima era mais espessa nos homens em relação ao diâmetro e correlacionaram-na com uma maior incidência de aterosclerose nos homens.

Bylina *et al.* (2004) estudaram as artérias coronárias de bovinos e observaram um espessamento distinto na túnica média formado por camadas circulares de células musculares lisas e uma pequena quantidade de fibras elásticas nos ramos interventricularis subsinuosus e paraconalis. Os espessamentos da túnica média estavam situados nos segmentos médios das artérias coronárias a uma distância de cerca de 2-3 cm da sua origem na aorta.

Ramkrishna e Gadre (2004) estudaram a histologia das artérias coronárias e descreveram que as artérias coronárias eram artérias musculares espessas e continham frequentemente feixes de músculos longitudinais e células musculares epitelóides na camada íntima da túnica.

Piallat e Gabbiani (2005) descreveram o papel da proliferação e migração de células musculares lisas da média para a íntima na aterosclerose e reestenose da artéria coronária no ser humano.

Khan *et al.* (2006) referiram que a túnica íntima da artéria coronária em cabras era constituída por tecido conjuntivo subendotelial e lâmina elástica interna, a túnica média tinha 4 a 6 camadas de fibras musculares lisas dispostas circularmente e a túnica adventícia era constituída por colagénio e fibras elásticas.

Samuelson (2007) referiu que a túnica íntima era a camada mais interna da artéria muscular e continha uma lâmina elástica interna espessa e fenestrada. Observou também que todos os componentes da túnica íntima se encontravam ondulados devido à contração do músculo liso durante a fixação e o processamento do vaso sanguíneo. Verificou ainda que a túnica média era a camada intermédia da artéria e a mais desenvolvida das três túnicas, constituindo a maior parte da parede da artéria e consistindo principalmente em músculos lisos, dispostos circular ou concentricamente, juntamente com uma pequena quantidade de fibras elásticas. Registou a ausência de lamelas elásticas em toda a túnica média, exceto ao longo das regiões mais externas, onde se formava a lâmina elástica externa. Por fim, afirmou que havia presença de fibrócitos, nervi vasorum e vasa vasorum na túnica adventícia.

Deopujari e Dixit (2010) efectuaram um estudo histomorfométrico em artérias coronárias de seres humanos e concluíram que havia um aumento da espessura da túnica íntima e da túnica média até à quarta década através do crescimento de tecido subendotelial a partir das células musculares lisas indiferenciadas da túnica média e da fibrose medial, respetivamente, e correlacionaram o aumento da túnica íntima com a aterosclerose. Afirmaram que se registava uma diminuição da espessura tanto da túnica íntima como da túnica média após a quarta década. Também referiram que a espessura da íntima era maior no sexo masculino do que no feminino e que a lâmina elástica interna apresentava fissuras, fracturas, fragmentação e reduplicação em vários grupos etários.

Kumar (2010) estudou a densidade das fibras de colagénio nos ramos circunflexos e interventriculares das artérias coronárias em seres humanos, búfalos, porcos, cabras, cães e coelhos e referiu que a densidade das fibras de colagénio era menor na túnica íntima, moderada na túnica média e elevada na túnica adventícia nas artérias circunflexas, enquanto nas artérias interventriculares a densidade das fibras de colagénio era nula na túnica íntima, menor na túnica média e moderada na túnica adventícia em todos os mamíferos. Por fim, concluíram que a densidade das fibras de colagénio era maior nas artérias circunflexas do que nas artérias interventriculares em todos os mamíferos estudados.

Histoquímica

Romanual e Bannister (1962) realizaram a histoquímica das artérias coronárias em ratos e verificaram que os ramos arteriais mais pequenos das artérias coronárias apresentavam uma atividade de fosfatase alcalina mais intensa do que os outros ratos.

Aref *et al.* (1968) realizaram estudos exaustivos sobre a histoenzimologia de pequenas artérias em pinto, galinha, peru, coelho, rã, gato, homem, cobaia, hamster e ratos e descobriram que a atividade da fosfatase alcalina estava limitada à camada adventícia em todos os animais, exceto no rato, onde estava presente no endotélio da camada íntima dos vasos.

Ledet (1968) estudou a histoquímica das artérias coronárias extramurais de pacientes diabéticos e não diabéticos e verificou que a parte distal da artéria coronária extramural dos pacientes diabéticos continha mais material hialino, PAS-positivo e gordura na íntima do que a dos pacientes não diabéticos.

Oka *et al.* (1968) estudaram as reacções histoenzimáticas nas artérias coronárias de ratos e referiram que a atividade da fosfatase alcalina era positiva apenas no tecido conjuntivo perivascular e estava ausente na parede vascular.

Cook *et al.* (1977) realizaram a histoquímica das artérias coronárias em seres humanos e referiram que os músculos lisos da artéria coronária apresentavam reacções fracas para o glicogénio, mas uma atividade muito forte para os ácidos gordos.

Kumar (2003) estudou as camadas íntimas das artérias coronárias direita e esquerda em seres humanos e relatou que a densidade de lípidos da camada íntima da túnica da artéria coronária esquerda é três vezes superior à da artéria coronária direita.

Hadjiisky *et al.* (2011) estudaram o comportamento da lipidose aórtica em ratos e relataram que a lipidose foi encontrada apenas nas camadas íntima e média da aorta.

Anon (2013) realizou a histoquímica de artérias coronárias em cabras e observou a atividade da fosfatase alcalina apenas no endotélio dos ramos terminais das artérias coronárias e a atividade da fosfatase ácida estava limitada às áreas perinucleares das células.

MATERIAIS E MÉTODOS

Recolha de amostras:

Para o presente estudo, foram colhidas amostras de coração de 18 cabras no matadouro da Nagpur Municipal Corporation, Nagpur, imediatamente após o abate dos animais. As amostras foram colhidas de cabritos, animais jovens e adultos, que foram distribuídos por três grupos: GI (até 1 ano), G2 (1-2 anos) e G3 (2-3 anos), respetivamente, com seis animais em cada grupo. As idades aproximadas dos animais foram determinadas a partir do padrão da sua dentição.

As amostras frescas de coração assim recolhidas foram levadas para o laboratório num recipiente com cubos de gelo. Cada amostra foi cuidadosamente dissecada para registar o trajeto das artérias coronárias esquerda e direita e, em seguida, foram recolhidos pedaços de 5-7 cm de tamanho. As amostras frescas da artéria coronária foram utilizadas para a secção em criostato. As amostras também foram preservadas em formalina neutra tamponada a 10 por cento durante 48 horas para processamento de rotina pela técnica de parafina em três locais diferentes, ou seja, na origem, na parte média e na parte terminal de cada vaso.

Processamento e preparação de amostras para estudo histológico:

As amostras da artéria coronária foram fixadas em formalina neutra tamponada a 10 por cento durante 48 horas e foram processadas pela técnica de parafina de rotina, de acordo com o método de Drury e Wallington (1980). As secções foram cortadas com uma espessura de cinco microns e foram coradas com:

1. Método de coloração com hematoxilina e eosina de acordo com Drury e Wallington (1980).

2. Métodos de coloração com tricrómio de Masson, orceína de prata e azul de anilina para as fibras do tecido conjuntivo, como as fibras de colagénio, elásticas e reticulares, de acordo com Singh e Sulochana (1996).

3. Método de coloração de Van Gieson para fibras de colagénio, de acordo com Singh e Sulochana (1996).

As lâminas coradas com Hematoxilina & Eosina foram observadas ao microscópio de luz para estudar a histoarquitectura das artérias coronárias.

Foram efectuados os seguintes parâmetros micrométricos em três grupos etários diferentes

1. Espessura (em µm) da túnica externa, túnica média e túnica íntima das artérias coronárias esquerda e direita.

2. Os diâmetros horizontal e vertical (em µm) das artérias coronárias esquerda e direita, medindo a distância entre as camadas da túnica externa de dois lados opostos em ambas as direcções.

3. Os diâmetros luminal horizontal e vertical (em µm) das artérias coronárias esquerda e direita, medindo a distância entre as camadas endoteliais da túnica íntima de dois lados opostos em ambas as direcções.

Todas as medidas registadas foram analisadas estatisticamente de acordo com o método padrão indicado por Snedecor e Cochran (1994). Por fim, as lâminas foram microfotografadas.

Tratamento e preparação de amostras para estudo histoquímico:

As amostras de tecido fresco foram cortadas a 10 µ de espessura em crióstato e coradas para deteção de glicogénio, lípidos, fosfatase alcalina e fosfatase ácida através dos seguintes procedimentos:

1. Presença de glicogénio pelo método da reação do ácido periódico de Schiff (PAS), de acordo com Singh e Sulochana (1996).

2. Presença de lípidos pelo método padrão do Sudan Black B, de acordo com Singh e Sulochana (1996).

3. Presença de cálcio pelo método do vermelho de Alizarina S, de acordo com Singh e Sulochana (1996).

4. Atividade da fosfatase ácida de acordo com Bancroft & Stevens (1982).

5. Atividade da fosfatase alcalina de acordo com Bancroft & Stevens (1982).

RESULTADOS E DISCUSSÃO

O presente estudo foi realizado na artéria coronária de uma cabra para registar as suas características vasculares. Os aspectos grosseiros, histológicos, micrométricos e histoquímicos da artéria coronária foram estudados para determinar as alterações estruturais progressivas dos vasos em termos de hemodinâmica. **Anatomia macroscópica**

No presente estudo, verificou-se que a artéria coronária esquerda era mais longa do que a direita, o que era indicativo da sua maior contribuição para o miocárdio e, na maioria dos casos, a artéria coronária esquerda encontrava-se profundamente embebida no miocárdio. Observou-se que a artéria coronária esquerda se originava do lado esquerdo do seio aórtico, o que estava de acordo com os achados relatados por Yang *et al.* (1989). Seguiu seu trajeto entre o átrio esquerdo e o tronco pulmonar, alcançou o sulco atrioventricular e dividiu-se em ramos paraconais interventriculares e circunflexos. Observou-se que o ramo paraconal interventricular descia ao longo do sulco longitudinal esquerdo, atingia a incisura apical e anastomosava-se com os ramos da artéria coronária direita ao nível do sulco longitudinal direito. Emitia ramos para ambos os ventrículos, terminando mais frequentemente no sulco interventricular subsinuoso. O ramo circunflexo apresentava-se sinuoso em torno do sulco transverso, alcançando caudalmente o sulco longitudinal direito e descendo junto com ele. Deu ramos ao ventrículo esquerdo e à aurícula direita. Esses achados estão de acordo com os relatados por Junior e Cesar (2009).

No presente estudo, verificou-se que a artéria coronária direita era consideravelmente mais curta do que a esquerda e, na maioria dos casos, encontrava-se embebida superficialmente na gordura subepicárdica. Observou-se que a artéria coronária direita se originava do lado direito do seio aórtico, o que estava de acordo com os achados de Yang *et al.* (1989). A artéria coronária direita percorria a parte direita do sulco transverso e dividia-se em dois ramos: o ramo descendente, que atravessava o sulco longitudinal direito, e um pequeno ramo caudal.

A variação na localização do vaso contribui para a hemodinâmica da circulação coronária.

Histologia

O estudo histológico foi efectuado em secções de parafina, coradas com o método de rotina da hematoxilina e eosina (Bancroft e Stevens, 1982). Foram também efectuadas colorações diferenciais, como os métodos de Van Gieson (Singh e Sulochana, 1996), tricrómio de Masson (Singh e Sulochana, 1996) e orceína de prata e azul de anilina (Singh e Sulochana, 1996), para localizar a presença de fibras de colagénio, elásticas e reticulares, respetivamente.

Histologicamente, observou-se que a forma do lúmen das artérias coronárias esquerda e direita era variável em diferentes locais ao longo do seu trajeto em todos os grupos etários de animais. A forma era alongada e larga (Fig. 1), elíptica (Fig. 2) e alongada e estreita (Fig. 3) para a artéria coronária esquerda nos locais de origem, meio e terminação, respetivamente, em todos os grupos etários das cabras em estudo. Da mesma forma, a artéria coronária direita apresentava a forma de um haltere (Fig. 4), de uma pegada humana (Fig. 5) e de um corno (Fig. 6) na origem, no meio e na terminação, respetivamente, em todos os grupos etários dos animais. As variações luminais nos vasos coronários também contribuem para a hemodinâmica da circulação coronária e também para o grau de desgaste e desenvolvimento de calosidades. Devido à variabilidade na forma do lúmen, foram efectuados estudos micrométricos para registar os diâmetros luminal horizontal e vertical da artéria coronária em cabras.

O presente estudo sugeriu que o diâmetro horizontal máximo do lúmen da artéria coronária esquerda na origem foi registado em jovens (47,31 ± 3,58 µm), seguidos por crianças (40,57 ± 3,68 µm) e adultos (35,98 ± 3,27 µm), com diferença altamente significativa em termos estatísticos entre os animais jovens e adultos (Tabela 1). Da mesma forma, o diâmetro horizontal máximo do lúmen da artéria coronária esquerda na terminação foi encontrado em cabritos (47,6 ± 5,8 µm), seguido por animais adultos (36,81 ± 9,49 µm) e jovens (15,13 ± 4,38 µm), com diferença estatisticamente significativa entre as faixas etárias, exceto entre cabritos e animais adultos (Tabela 1), indicando menor incidência de oclusão na artéria coronária em pequenos grupos etários de cabras.

O diâmetro horizontal máximo do lúmen da artéria coronária direita na terminação foi observado em adultos (23,81 ± 4,15 µm), seguido por cabritos (5,11 ± 1,09 µm) e animais jovens (3,92 ± 0,8 µm), com diferença estatisticamente significativa entre os grupos etários, exceto para cabritos e animais jovens (Tabela 1).

Na origem, o diâmetro vertical máximo do lúmen da artéria coronária esquerda foi observado nos animais adultos (162,93 ± 12,7 µm), seguidos pelos cabritos (144,37 ± 6,84 µm) e jovens (120,65 ± 10,47 µm), com diferença estatisticamente significativa entre os grupos etários jovem e adulto (Tabela 5).

O diâmetro vertical máximo do lúmen da artéria coronária esquerda na terminação foi registado em adultos (64,54 ± 6,74 µm), seguido por animais jovens (49,83 ± 6,34 µm) e cabritos (41,46 ± 5,6 µm), com diferença estatisticamente significativa entre os grupos etários de adultos e cabritos (Tabela 5). Da mesma forma, o diâmetro vertical máximo do lúmen da artéria coronária direita na terminação foi encontrado em adultos (40,26 ± 2,86 µm), seguido por cabritos (31,26 ± 5,06 µm) e jovens (13,23 ± 2,86), com diferença estatisticamente significativa entre as faixas etárias, exceto entre os animais adultos e cabritos (tabela 5).

As variações nos diâmetros luminal da artéria coronária registadas acima podem dever-se às variações na idade dos animais.

A localização e a idade desempenharam um papel fundamental na determinação dos diâmetros horizontal e vertical do vaso. O presente estudo confirmou que o diâmetro horizontal máximo da artéria coronária esquerda na origem foi observado em jovens (89,92 ± 5,97 µm), seguido por adultos (80,37 ± 4,89 µm) e crianças (74,37 ± 4,46 µm), com diferença estatisticamente significativa entre os animais jovens e crianças (tabela 9). Da mesma forma, o diâmetro horizontal da artéria coronária esquerda no meio teve valores semelhantes nos animais jovens (60,16 ± 4,95 µm) e adultos (60,63 ± 4,68 µm), mas foi menor nos cabritos (45,27 ± 4,07 µm) com valores de diferença estatisticamente significativos quando comparados os cabritos com os jovens e adultos (Tabela 9).

O diâmetro horizontal máximo da artéria coronária direita na origem foi observado em adultos (44,88 ± 6,13 µm), seguido por crianças (20,24 ± 2,61 µm) e jovens (17,53 ± 1,98 µm), com diferença altamente significativa entre as faixas etárias, exceto entre os animais jovens e crianças (Tabela 9). Da mesma forma, o diâmetro horizontal máximo da artéria coronária direita na terminação foi encontrado em animais adultos (57,18 ± 5,7 µm), seguidos por cabritos (11,20 ± 1,71 µm) e jovens (8,69 ± 1,48 µm), com diferença altamente significativa entre as faixas etárias, exceto entre cabritos e jovens (tabela 9).

O diâmetro vertical da artéria coronária esquerda na terminação teve valores semelhantes em animais jovens (94,94 ± 4,01 µm) e adultos (91,1 ± 7,65 µm) seguidos por crianças (63,76 ± 5,07 µm) com diferença altamente significativa entre os grupos etários, exceto entre os animais jovens e adultos (Tabela 14). Da mesma forma, o diâmetro vertical máximo da artéria coronária direita no meio foi registrado em adultos (37,7 ± 5,62 µm), seguido por jovens (23,39 ± 3,29 µm) e crianças (22,31 ± 3,35 µm) com valores semelhantes, com diferença estatisticamente significativa entre as faixas etárias, exceto entre os animais jovens e crianças (tabela 14).

O diâmetro vertical máximo da artéria coronária direita na terminação foi observado em adultos (97,91 ± 13,27 µm) seguido de cabritos (45,86 ± 6,57 µm) e jovens (20,42 ± 3,39 µm) com diferença altamente significativa estatisticamente entre os grupos etários, exceto entre os cabritos e os animais jovens de cabra (Tabela 14).

As variações nos diâmetros dos vasos acima registadas podem dever-se a variações na idade dos animais.

Verificou-se que a artéria coronária da cabra era do tipo muscular com três túnicas, nomeadamente a túnica íntima, a túnica média e a túnica adventícia (Fig. 1), estando o seu lúmen localizado no centro. Achados semelhantes foram registados por Gross *et al.* (1934), Awal *et al.* (2001) e Ramkrishna e Gadre (2004). **Túnica íntima**

Era a túnica mais fina da parede da artéria coronária e era constituída por três camadas: endotélio, camada intermédia e lâmina elástica interna. Estas observações estavam de acordo com as de Gross *et al.* (1934), Ham e Leeson (1961), Awal *et al.* (2001) e Samuelson (2007). A espessura máxima da túnica íntima da artéria coronária direita na origem foi registada em jovens (1.22 ± 0,4 µm), seguido dos adultos (0,99 ± 0,42 µm) e dos cabritos (0,34 ± 0,22 µm), com diferença estatística significativa entre os grupos etários de cabritos e jovens (Tabela. 18). Estes resultados foram contrários aos registados por Gross *et al.* (1934).

O endotélio era revestido por uma única camada de células endoteliais, que eram planas e de tipo escamoso com uma região nuclear central ligeiramente elevada (Fig. 7). A presente observação estava de acordo com os achados relatados por Gross *et al.* (1934) e Awal *et al.* (2001). O endotélio desempenha muitas funções vitais, tais como o transporte de substâncias de e para o sangue, a manutenção do tónus do músculo liso vascular, a regulação da coagulação sanguínea e a fixação dos glóbulos brancos à parede do vaso. Verificou-se que algumas das células endoteliais eram alongadas e projectadas para o lúmen da artéria, particularmente nos seus locais de ramificação, que serviam de almofadas endoteliais nestes locais de ramificação (Fig. 8). Estas observações estavam de acordo com as relatadas por Yohro e Burnstock (1973). A presença de almofadas endoteliais nos locais de ramificação pode estar a regular o fluxo de sangue. Havia presença de células musculares epitelóides na camada íntima da artéria coronária, particularmente em animais jovens e adultos, o que, de acordo com Piallat e Gabbiani (2005), marcou a progressão de eventos-chave como aterosclerose e reestenose na artéria (Fig. 9). Algumas das células endoteliais também foram vistas a migrar para o lúmen da artéria (Fig. 10). A rugosidade do endotélio aumentou com o avançar da idade, o que pode ser atribuído ao aumento da incidência de aterosclerose nos grupos etários adultos. O endotélio repousava sobre a camada intermédia ou camada de tecido conjuntivo subendotelial, que era mais espessa e consistia predominantemente em fibras elásticas, juntamente com algumas fibras de colagénio e células musculares lisas ocasionais nas substâncias intercelulares amorfas, o que estava de acordo com os resultados de Samuelson (2007), mas não correspondia aos resultados registados por Gross *et al.* (1934). A presença de fenestrações nos tecidos elásticos da lâmina elástica interna permite a difusão de metabolitos para o meio a partir do lúmen (Fig. 10). A fragmentação da lâmina elástica interna foi observada principalmente em cabras adultas (Fig. 11), o que está de acordo com os achados de Ham e Leeson (1961) e Tyagi e Dadgar (1978). Todos os componentes da túnica íntima se encontravam ondulados na secção transversal, o que se devia à contração do músculo liso durante a fixação e o processamento do vaso sanguíneo. Esta observação está de acordo com o que foi referido por Samuelson (2007). O grau de ondulação aumentou com o avanço da idade, sendo mais pronunciado nos adultos, seguido dos jovens e das crianças.

Meios de comunicação social de Tunica

Esta camada média era a mais desenvolvida das três túnicas que constituíam a maior parte da parede da artéria coronária e consistia principalmente em músculos lisos, que tinham uma forma fusiforme com um núcleo localizado centralmente (Fig. 7). Estavam dispostos de forma circular ou concêntrica, unidos para formar um todo coeso por fibras de tecido conjuntivo, tais como fibras reticulares, colagénio e fibras elásticas delicadas (Fig. 7). Estas observações estavam de acordo com as conclusões de Ham e Leeson (1961) e Samuelson (2007). O número de camadas de fibras musculares lisas diminuiu gradualmente em ambas as artérias coronárias, à medida que estas se deslocavam da origem para a terminação. O número de camadas era de 12, 8 e 4 para a artéria coronária esquerda na origem, no meio e na terminação, respetivamente. Do mesmo modo, o número de camadas era de 6, 5 e 5 para a artéria coronária direita na origem, no meio e na terminação, respetivamente. As presentes observações registadas estão de acordo com as encontradas por Dellmann e Brown (1981) e Khan *et al.* (2006). O aumento gradual do número de camadas de fibras musculares lisas a partir da origem pode ser atribuído à elevada contractibilidade das artérias na origem para forçar o sangue na direção da frente, de modo a manter uma circulação coronária eficiente.

A espessura máxima da túnica média da artéria coronária esquerda na terminação foi registada em adultos (16,34 ± 1,92 µm), seguidos por crianças (12,06 ± 1,73 µm) e jovens (11,04 ± 1,35 µm), com diferença estatisticamente significativa entre os grupos etários, exceto entre os animais jovens e crianças (tabela 20). Da mesma forma, a espessura máxima da túnica média da artéria coronária direita na terminação foi encontrada em adultos (12,84 ± 2,88 µm), seguida por crianças (6,28 ± 2,13 µm) e jovens (2,80 ± 0,66 µm), com diferença altamente significativa entre as faixas etárias, exceto entre os animais jovens e os cabritos (tabela 20).

A lâmina elástica externa estava rompida e mal definida, o que estava de acordo com o relatado por Parmar (2002), mas era contrário aos dados de Gross *et al.* (1934) e Samuelson (2007). As pequenas artérias têm origem nas grandes artérias e penetram no ambiente de fibras elásticas e músculo liso densamente compactado da túnica média, conhecido como vasa vasorum (Fig. 12). Desempenhavam um papel vital na nutrição desta camada e no transporte de resíduos para fora da túnica. Esta observação está de acordo com as conclusões de Samuelson (2007).

Túnica adventícia ou externa

Esta era a camada mais externa da parede da artéria coronária, que tinha tecido conjuntivo irregularmente disposto com fibras colágenas e elásticas (Fig. 1), o que estava de acordo com o relatado por Ham e Leeson (1961) e Khan *et al.* (2006). A espessura máxima da túnica externa da artéria coronária direita na terminação foi observada em adultos (6,97 ± 1,34 µm), seguida por crianças (3,39 ± 1,22 µm) e jovens (1,94 ± 0,54 µm), com diferença altamente significativa entre as faixas etárias, exceto entre os animais jovens e as crianças (tabela 23). Esses resultados indicaram que a espessura da túnica média da artéria coronária direita na terminação aumentou com a idade, o que estava de acordo com os achados relatados por Gross *et al.* (1934).

Verificou-se a presença de pequenos vasos sanguíneos na adventícia, conhecidos como vasa vasorum, com funções semelhantes às da média (Fig. 12). Esta observação estava de acordo com as conclusões de Ham e Leeson (1961) e Samuelson (2007).

O presente estudo confirmou a presença de uma quantidade razoável de fibras de colagénio na túnica externa da artéria coronária esquerda na origem e na terminação em animais adultos, com vestígios na túnica média e na íntima (Fig. 13). Mas, em contraste, uma quantidade moderada de fibras de colagénio estava presente na túnica externa de crianças e animais jovens, com vestígios de fibras de colagénio na túnica média e na íntima (Fig. 14).

A meio, a túnica externa da artéria coronária esquerda apresentava uma quantidade razoável de fibras de colagénio em crianças, com vestígios na túnica média e na íntima (Fig. 15). Mas, pelo contrário, uma quantidade moderada de fibras de colagénio estava presente na túnica externa de animais jovens e adultos, com vestígios de fibras de colagénio na túnica média e na íntima (Fig. 16).

Uma quantidade moderada de fibras de colagénio estava presente na túnica externa e na íntima da artéria coronária direita na origem, com vestígios de colagénio na túnica média em animais jovens (Fig. 17). Mas, em contraste, uma quantidade moderada de fibras de colagénio estava presente na túnica externa de animais miúdos e adultos com vestígios de fibras de colagénio na túnica média e na íntima (Fig. 18).

A túnica externa e a íntima da artéria coronária direita no meio continham uma quantidade moderada de fibras de colagénio nos animais miúdos, jovens e adultos, com vestígios de colagénio na túnica média (Fig. 19).

Uma menor quantidade de fibras de colagénio estava presente em todas as três túnicas da artéria coronária direita na terminação em animais jovens (Fig. 20). Da mesma forma, verificou-se que a túnica externa e a média em crianças apresentavam uma quantidade razoável de fibras de colagénio com vestígios de colagénio na íntima (Fig. 21). Mas, em contraste, uma quantidade muito reduzida de fibras de colagénio estava presente em todas as túnicas nos adultos (Fig. 22).

Os resultados acima referidos sugerem que a densidade das fibras de colagénio era maior na túnica externa do que na média e na íntima em ambas as artérias coronárias de cabritos, cabras jovens e adultas, o que está em consonância com os resultados relatados por Kumar (2010).

A presença de fibras de colagénio na parede da artéria coronária pode ser atribuída à sua contribuição para ajudar a parede do vaso a resistir a alterações internas relacionadas com a hemodinâmica, para além da proteção.

No presente estudo, foi registado que uma quantidade razoável de fibras elásticas subendoteliais estava presente na artéria coronária esquerda na origem em crianças (Fig. 23), mas estava presente moderadamente nos animais jovens e adultos (Fig. 24).

No meio e na terminação da artéria coronária esquerda, uma boa quantidade de fibras elásticas subendoteliais estava presente em animais miúdos, jovens e adultos (Fig. 25).

Verificou-se que a artéria coronária direita na origem tinha uma quantidade razoável de fibras elásticas subendoteliais nos animais jovens (Fig. 26), mas estava presente de forma moderada nos animais miúdos e adultos (Fig. 27), o que é indicativo de atuar como um esfíncter eficaz, tal como nos controlos.

Em cabritos e animais jovens, uma quantidade razoável de fibras elásticas subendoteliais estava presente na artéria coronária direita no meio (Fig. 28), mas era muito menor nos animais adultos.

Uma quantidade moderada de fibras elásticas subendoteliais estava presente na artéria coronária direita na terminação em animais jovens e adultos (Fig. 29), mas era muito menor nas crianças.

As diferenças na presença de fibras elásticas subendoteliais na artéria coronária esquerda e direita registadas acima podem ser devidas às variações na idade dos animais.

A presença de fibras elásticas na parede da artéria coronária pode ser atribuída à sua capacidade de esticar e recuar a parede vascular para manter a pressão sanguínea nos vasos sanguíneos.

O presente estudo sugeriu a presença de fibras reticulares na túnica média e externa da artéria coronária em todos os grupos etários da cabra em estudo (Fig. 24). Estas fibras cruzam-se para formar uma malha fina, que actua como malha de suporte para as fibras musculares lisas e outros elementos do tecido conjuntivo da túnica média e externa da artéria coronária.

Histoquímica

Glicogénio

A atividade PAS foi encontrada na túnica externa e na íntima da artéria coronária, com ausência de atividade na média (Fig. 30). Estas observações estavam de acordo com as relatadas por Ledet (1968) e Cook *et al.* (1977).

Nos jovens, foram registadas actividades moderadas na túnica externa e no endotélio da artéria coronária esquerda na origem (Fig. 31), enquanto que nos cabritos e nos animais adultos foram observadas actividades muito fracas.

Verificou-se que a artéria coronária esquerda no meio tinha uma atividade PAS fraca em crianças e jovens, mas observou-se uma atividade moderada nos animais adultos (Fig. 32).

Foi registada uma atividade PAS moderada na artéria coronária esquerda na terminação em cabritos, jovens e adultos (Fig. 33).

Na origem da artéria coronária direita foi registada uma atividade PAS muito fraca em todos os grupos etários dos animais em estudo.

Foi observada uma atividade fraca a moderada na artéria coronária direita, a meio, nos jovens. Em contraste, foi registada uma atividade moderada na túnica externa da artéria coronária direita, a meio, em cabritos, com o endotélio a mostrar uma reação PAS intensa (Fig. 34), enquanto que em cabras adultas foi observada uma atividade fraca.

Nos jovens, foi encontrada uma atividade intensa no endotélio da artéria coronária direita na terminação com uma atividade fraca na parte externa (Fig. 35), enquanto que os animais adultos e os cabritos apresentaram uma atividade PAS fraca tanto no endotélio como na parte externa.

A presença de atividade PAS positiva durante o desenvolvimento das artérias coronárias pode ser considerada como necessária para uma maior necessidade de energia para a proliferação de tecidos que ocorre na altura do desenvolvimento das artérias com o avançar da idade. Em segundo lugar, a presença de glicogénio nas artérias pode funcionar como uma fonte de energia para os elementos endoteliais e do tecido conjuntivo recém-formados durante a atividade mitótica.

Cálcio

A deposição de sais de cálcio não foi encontrada nas secções do crióstato em ambas as artérias coronárias em animais miúdos, jovens e adultos (Fig. 36).

Lípidos

As deposições de lípidos foram encontradas em todas as túnicas da artéria coronária (Fig. 37), o que se verificou estar de acordo com o relatado por Ledet (1968) e Cook *et al.* (1977), mas foi contrário ao encontrado por Hadjiisky *et al.* (2011).

A túnica média mostrou uma intensa deposição de lípidos em quase todos os grupos etários das cabras (Fig. 37), o que está de acordo com o relatado por Cook *et al.* (1977).

Os resultados para a deposição de lípidos mostraram que, nas crianças, ocorreu uma menor deposição de lípidos na túnica externa e no endotélio das artérias coronárias esquerda e direita (Fig. 38).

Ocorreu uma deposição moderada de lípidos na túnica externa e no endotélio das artérias coronárias esquerda e direita nos animais jovens, com exceção da túnica externa da artéria coronária esquerda na origem, onde se registou uma quantidade razoável de deposição de lípidos (Fig. 39).

A túnica externa e o endotélio das artérias coronárias esquerda e direita apresentavam uma boa deposição de lípidos em animais adultos (Fig. 40).

Também se registou que a quantidade de lípidos depositados na túnica íntima da artéria coronária esquerda era superior à depositada na direita em todos os grupos etários de cabras, o que estava de acordo com o relatado por Kumar (2003).

Este resultado indicou que a deposição de lípidos tanto na artéria coronária esquerda como na direita aumentou com o avançar da idade dos animais. Isso aumentou o grau de incidência de formação de placas, aumentando a chance de ocorrência de aterosclerose em adultos, seguido por cabritos e cabras jovens.

Histoenzimologia:

As secções de criostato foram examinadas quanto às actividades da fosfatase ácida e alcalina.

Fosfatase ácida

A atividade da fosfatase ácida estava limitada ao endotélio e à túnica externa da artéria coronária, o que estava em contradição com o relatado por Anon (2013).

Nos cabritos, foi registada uma forte atividade no endotélio, com a parte externa a apresentar uma atividade moderada nas artérias coronárias esquerda e direita (Fig. 41), enquanto que nos cabritos a atividade foi moderada na parte externa da artéria coronária esquerda, mas não foi registada qualquer atividade no endotélio deste vaso. Nos jovens, observou-se uma intensa atividade na parte externa da artéria coronária direita, com o endotélio a apresentar uma fraca atividade da fosfatase ácida (Fig. 42). Nos adultos, foi registada uma atividade intensa na túnica externa da artéria coronária esquerda, com o endotélio a apresentar uma atividade muito fraca (Fig. 43), enquanto se observou uma atividade moderada da fosfatase ácida na túnica externa da artéria coronária direita, com ausência de qualquer atividade no endotélio deste vaso nos animais adultos (Fig. 44).

A presença da atividade da fosfatase ácida estava associada à atividade lisossomal e a sua importância estava relacionada com a sua capacidade de catalisar a enzima hidrolase. A presença da atividade da fosfatase ácida no endotélio e na túnica externa das artérias coronárias pode ser atribuída à desintegração das células, quer por apoptose, quer por qualquer outra doença. **Fosfatase alcalina**

A atividade da fosfatase alcalina foi registada no endotélio, na túnica externa e nos tecidos conjuntivos perivasculares da artéria coronária, o que se revelou contrário ao indicado por Aref *et al.* (1968) e Oka *et al.* (1968).

A forte atividade foi registada na túnica externa e nos tecidos conjuntivos perivasculares da artéria coronária esquerda em crianças (Fig. 45), enquanto a artéria coronária direita mostrou uma atividade muito fraca.

Em jovens, a túnica externa e os tecidos conjuntivos perivasculares da artéria coronária esquerda mostraram uma atividade intensa (Fig. 46), mas não foi encontrada qualquer atividade na artéria coronária direita.

Foi observada uma atividade moderada da fosfatase alcalina no endotélio, nos tecidos conjuntivos externos e perivasculares da artéria coronária esquerda em animais adultos (Fig. 47). Mas, em contraste, foi registada uma atividade muito forte na parte externa e nos tecidos conjuntivos perivasculares da artéria coronária direita nestes animais (Fig. 48).

A presença de atividade da fosfatase alcalina no endotélio, na túnica externa e no tecido conjuntivo perivascular pode ser considerada como um sinal de aumento da atividade metabólica em torno das artérias coronárias, o que era indicativo de atividade de desfosforilação destinada à absorção e transporte através destes vasos sanguíneos.

O presente estudo destacou o percurso pormenorizado dos principais canais de fornecimento de sangue ao coração, para além da sua configuração estrutural detalhada e das alterações histoquímicas em termos de envelhecimento. O estudo será útil para os clínicos avaliarem a configuração vascular na saúde e nas doenças da artéria coronária, bem como para estudarem a hemodinâmica em termos do endotélio de revestimento e a sua modificação para o mecanismo de coagulação.

Fig. 1: Fotomicrografia da artéria coronária esquerda na origem (G2) mostrando a) Lúmen b) Túnica íntima c) Túnica média d) Túnica externa (H & E, 100X)

Fig. 2: Fotomicrografia da artéria coronária esquerda média (G1) mostrando o seu lúmen (seta). (H & E, 100X)

Fig. 3: Fotomicrografia da artéria coronária esquerda em terminação (G1) mostrando o seu lúmen (seta). (H & E, 100X)

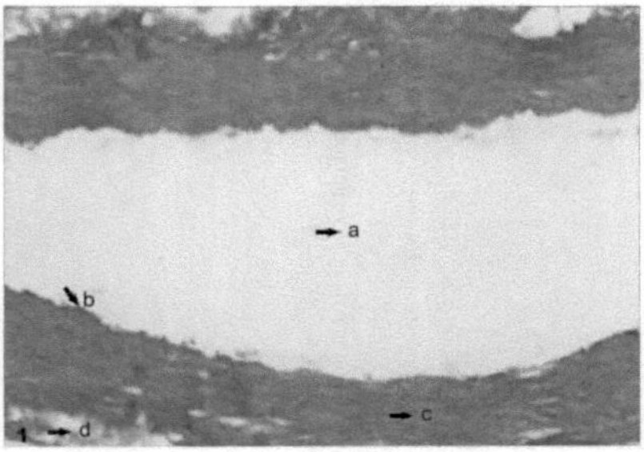

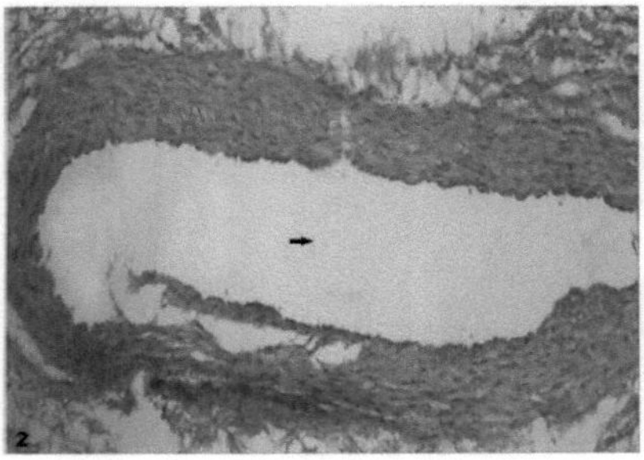

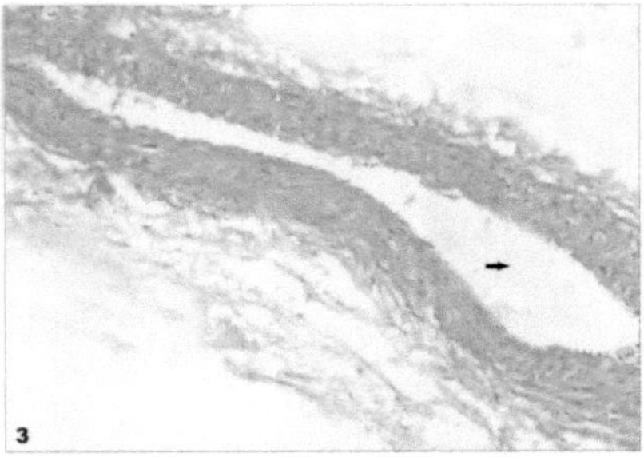

Fig. 4: Fotomicrografia da artéria coronária direita na origem (G2) mostrando o seu lúmen (seta). (H & E, 400X)

Fig. 5: Fotomicrografia da artéria coronária direita média (G2) mostrando o seu lúmen (seta). (H & E, 100X)

Fig. 6: Fotomicrografia da artéria coronária direita na terminação (G2) mostrando o seu lúmen (seta). (H & E, 400X)

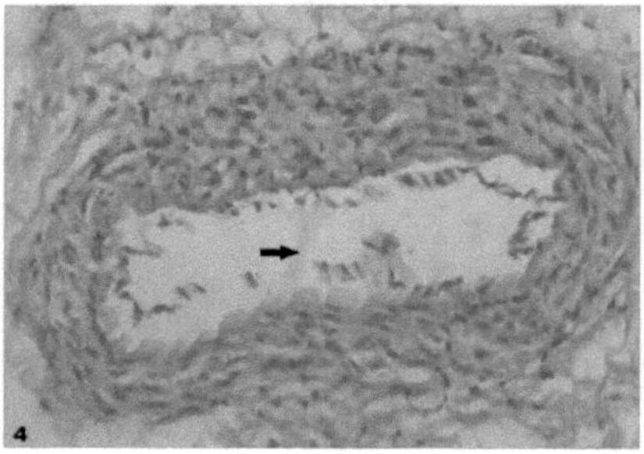

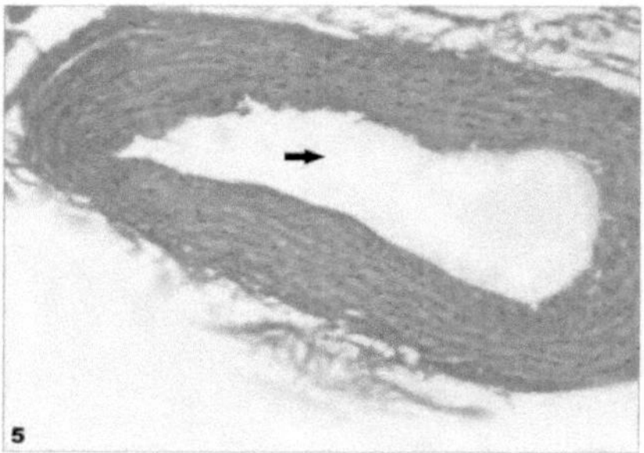

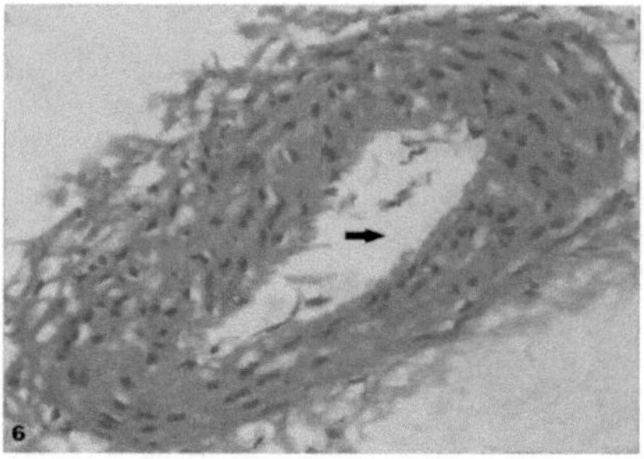

Fig. 7: Fotomicrografia da artéria coronária esquerda na origem (G2) mostrando a) Endotélio b) Células musculares lisas (H & E, 1000X)

Fig. 8: Fotomicrografia da artéria coronária esquerda na origem (G3) mostrando almofadas endoteliais (seta). (H & E, 400X)

Fig. 9: Fotomicrografia da artéria coronária direita no meio (G2) mostrando células musculares epitelóides na túnica íntima (seta). (H & E, 1000X)

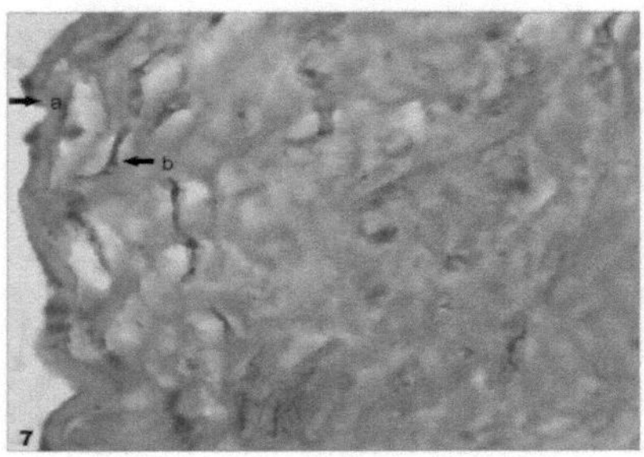

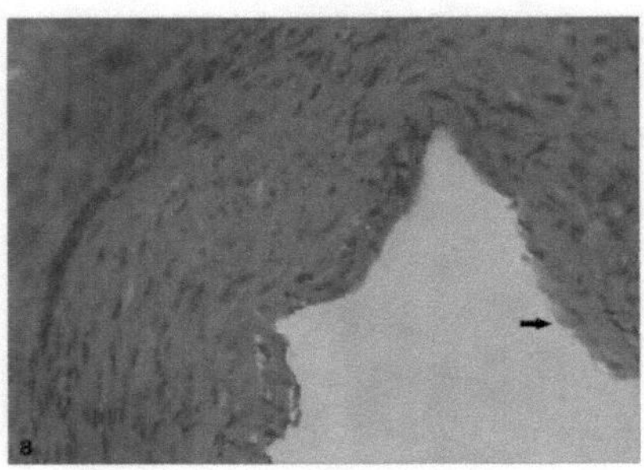

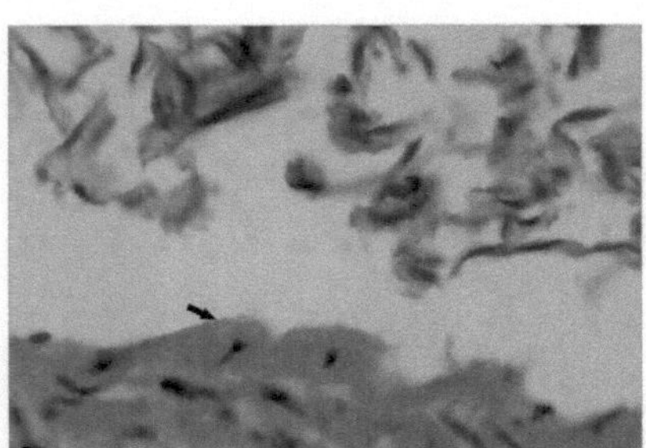

Fig. 10: Fotomicrografia da artéria coronária direita no meio (G2) mostrando a migração de células endoteliais para o lúmen (seta). (H & E, 400X)

Fig. 11: Fotomicrografia da artéria coronária direita média (G1) mostrando fragmentação da lâmina elástica interna (seta). (H & E, 400X)

Fig. 12: Fotomicrografia da artéria coronária direita na origem (G3) mostrando vasa vasorum na média e externa (seta). (H & E, 100X)

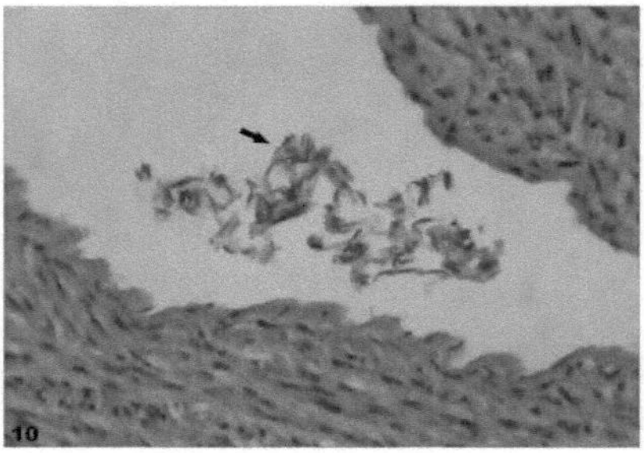

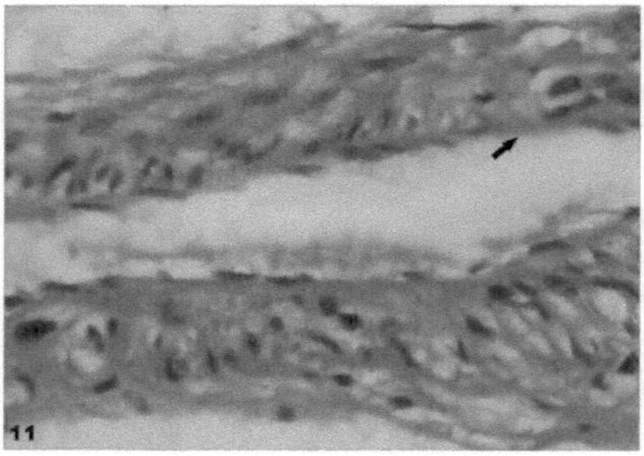

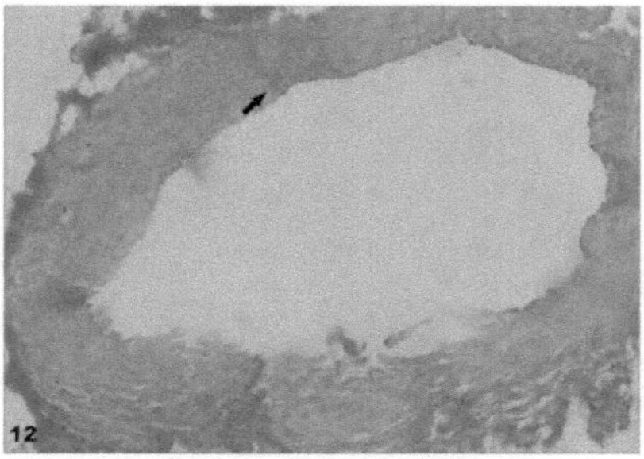

Fig. 13: Fotomicrografia da artéria coronária esquerda na origem (G3) mostrando fibras de colagénio em

a) Túnica íntima b) Túnica média c) Túnica externa (Tricrómio de Masson, 100X)

Fig. 14: Fotomicrografia da artéria coronária esquerda na origem (G2) mostrando fibras de colagénio em

a) Túnica íntima b) Túnica média c) Túnica externa (Tricrómio de Masson, 100X)

Fig. 15: Fotomicrografia da artéria coronária esquerda a meio (G1) mostrando fibras de colagénio na a) túnica íntima b) túnica média c) túnica externa (tricrómio de Masson, 100X)

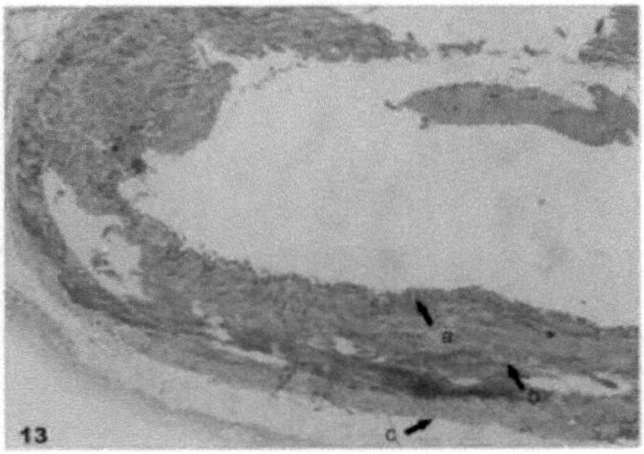

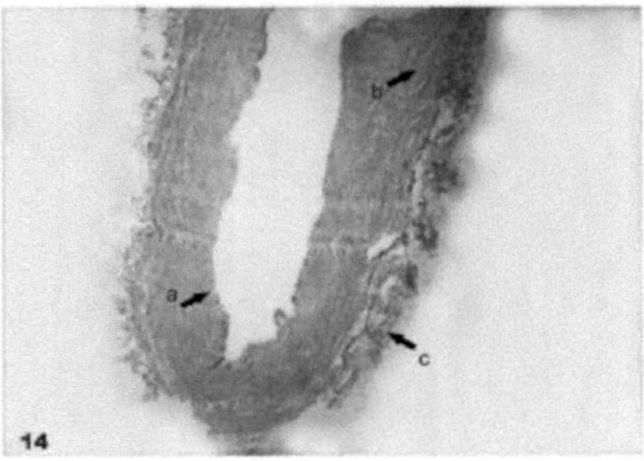

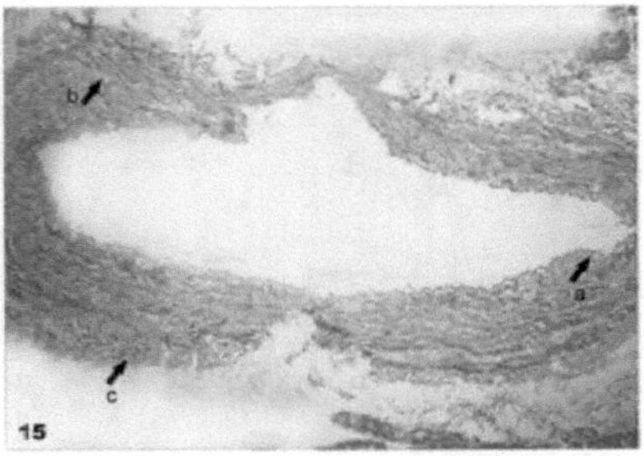

Fig. 16: Fotomicrografia da artéria coronária esquerda a meio (G2) mostrando fibras de colagénio na a) Túnica íntima b) Túnica média c) Túnica externa (Van Gieson, 100X)

Fig. 17: Fotomicrografia da artéria coronária direita na origem (G2) mostrando fibras de colagénio na a) Túnica íntima b) Túnica média c) Túnica externa (Tricrómio de Masson, 400X)

Fig. 18: Fotomicrografia da artéria coronária direita na origem (G1) mostrando fibras de colagénio na a) Túnica íntima b) Túnica média c) Túnica externa

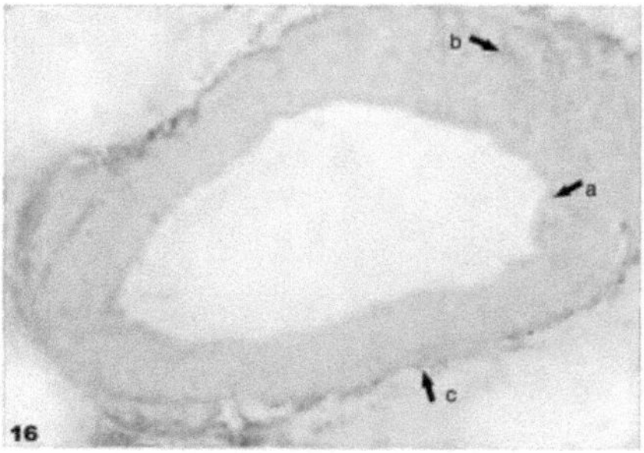

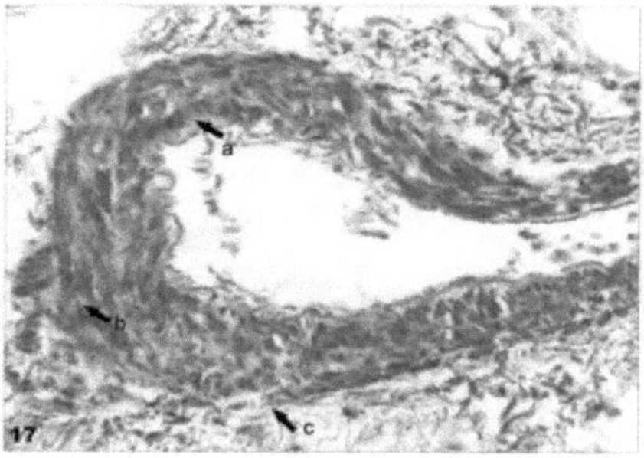

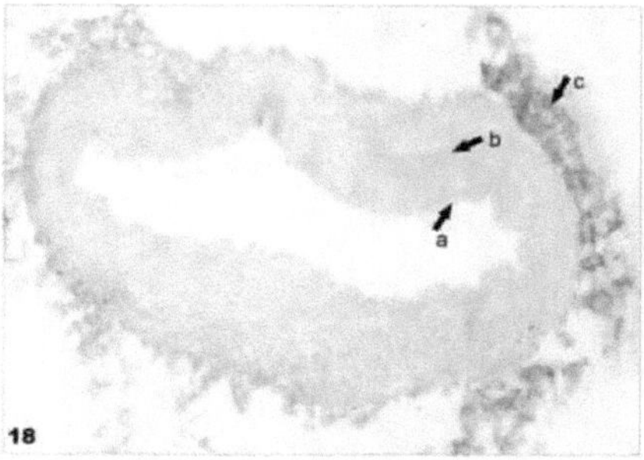

Fig. 19: Fotomicrografia da artéria coronária direita a meio (G2) mostrando fibras de colagénio na a) túnica íntima b) túnica média c) túnica externa (tricrómio de Masson, 100X)

Fig. 20: Fotomicrografia da artéria coronária direita em terminação (G2) mostrando fibras de colagénio na a) Túnica íntima b) Túnica média c) Túnica externa (Tricrómio de Masson, 400X)

Fig. 21: Fotomicrografia da artéria coronária direita em terminação (G1) mostrando fibras de colagénio na a) Túnica íntima b) Túnica média c) Túnica externa

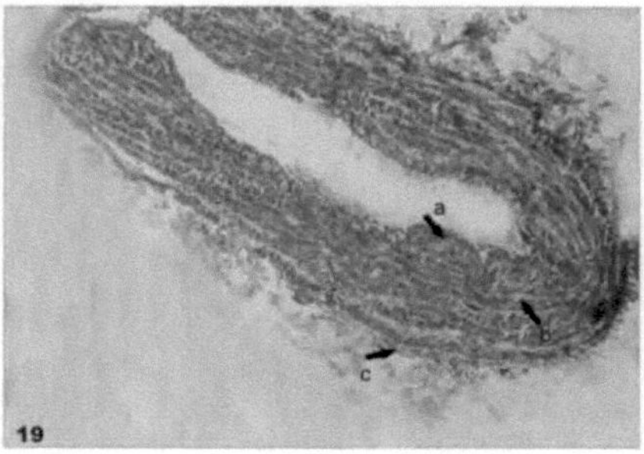

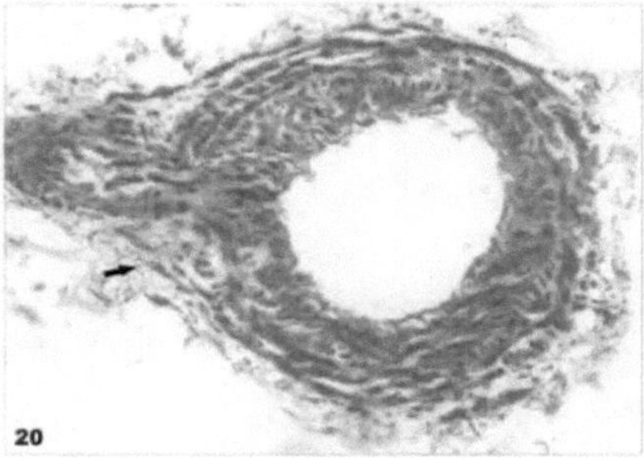

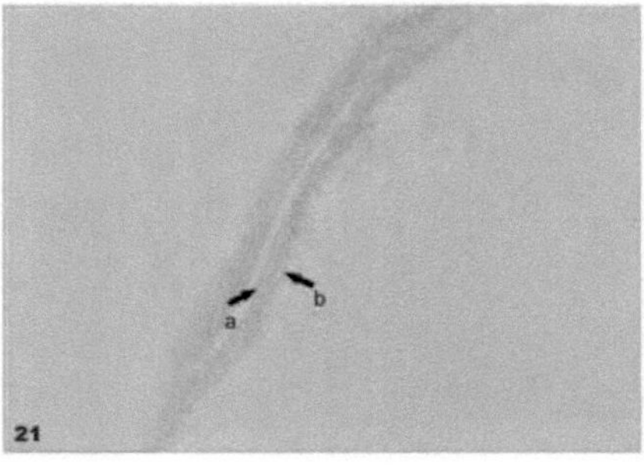

Fig. 22: Fotomicrografia da artéria coronária direita na terminação (G3) mostrando fibras de colagénio na a) túnica íntima b) túnica média c) túnica externa (tricrómio de Masson, 100X)

Fig. 23: Fotomicrografia da artéria coronária esquerda na origem (G1) mostrando a) Tecido conjuntivo subendotelial b) Fibras reticulares (Orceína de prata e azul de anilina, 100X)

Fig. 24: Fotomicrografia da artéria coronária esquerda na origem (G3) mostrando tecido conjuntivo subendotelial na íntima (seta). (Orceína de prata e azul de anilina, 100X)

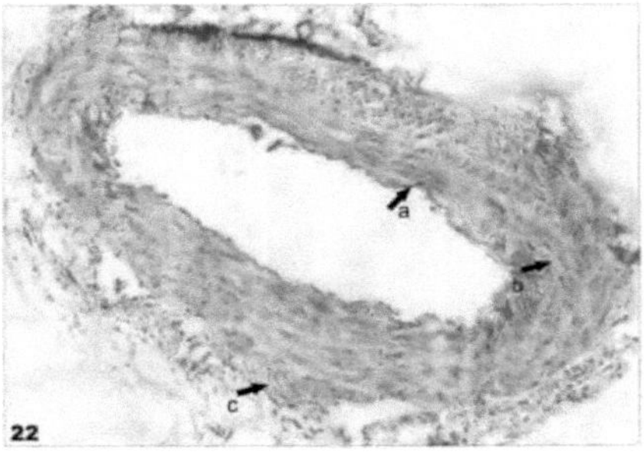

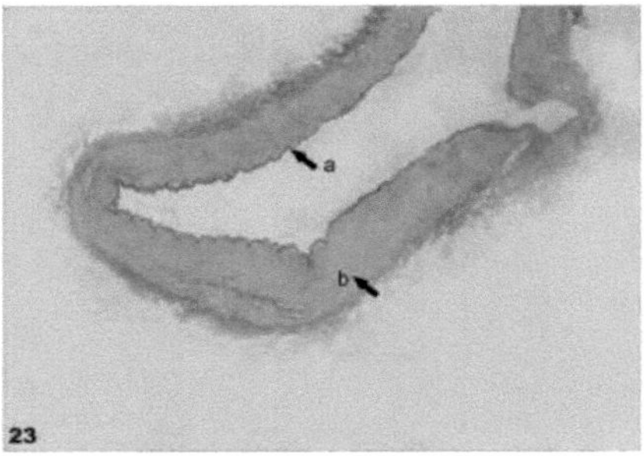

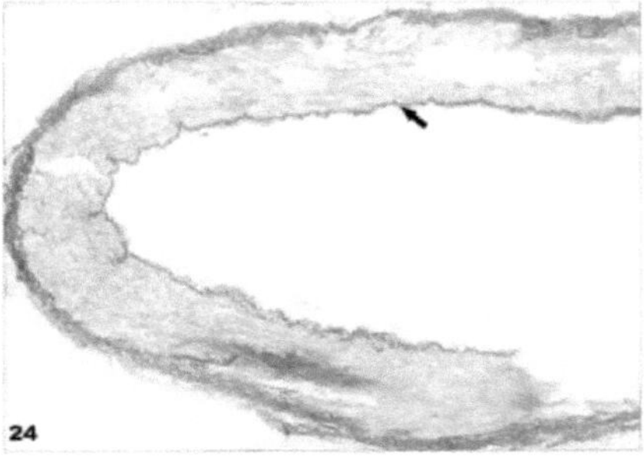

Fig. 25: Fotomicrografia da artéria coronária esquerda na origem (G3) mostrando tecido conjuntivo subendotelial na íntima (seta). (Orceína de prata e azul de anilina, 100X)

Fig. 26: Fotomicrografia da artéria coronária direita na origem (G2) mostrando tecido conjuntivo subendotelial na íntima (seta). (Orceína de prata e azul de anilina, 400X)

Fig. 27: Fotomicrografia da artéria coronária direita na origem (G3) mostrando tecido conjuntivo subendotelial na íntima (seta). (Orceína de prata e azul de anilina, 400X)

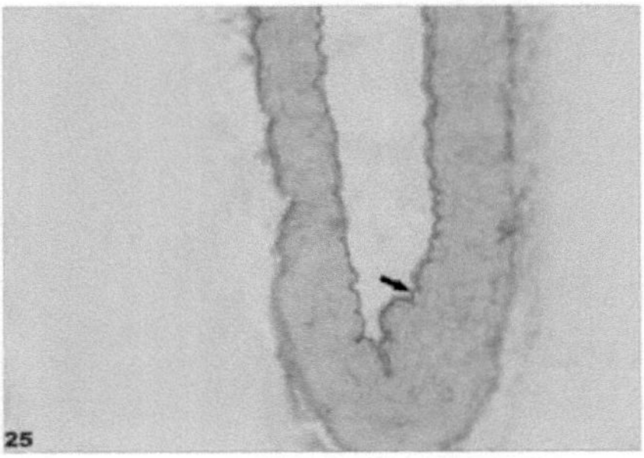

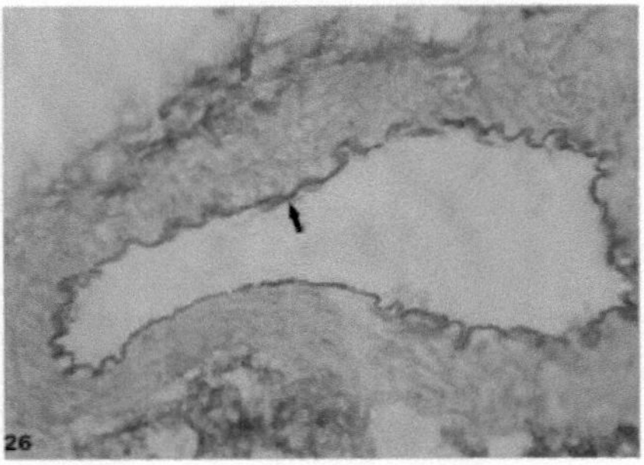

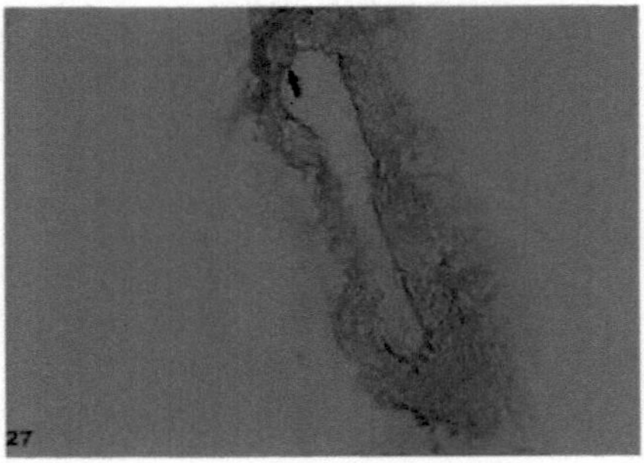

Fig. 28: Fotomicrografia da artéria coronária direita no meio (G2) mostrando tecido conjuntivo subendotelial na íntima (seta). (Orceína de prata e azul de anilina, 100X)

Fig. 29: Fotomicrografia da artéria coronária direita na terminação (G3) mostrando tecido conjuntivo subendotelial na íntima (seta). (Orceína de prata e azul de anilina, 400X)

Fig. 30: Fotomicrografia da artéria coronária esquerda na origem (G2) mostrando atividade PAS na a) Túnica íntima b) Túnica externa

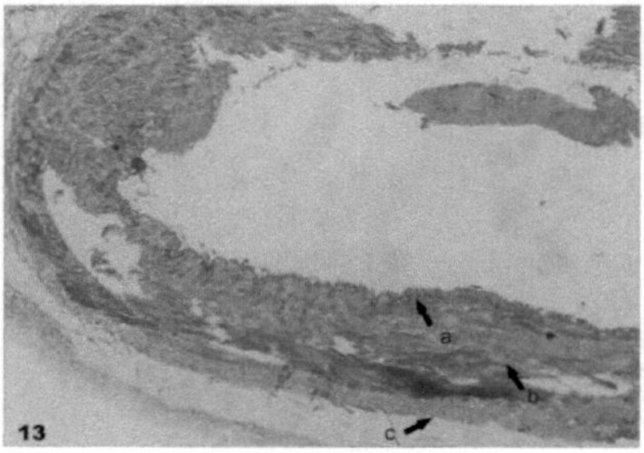

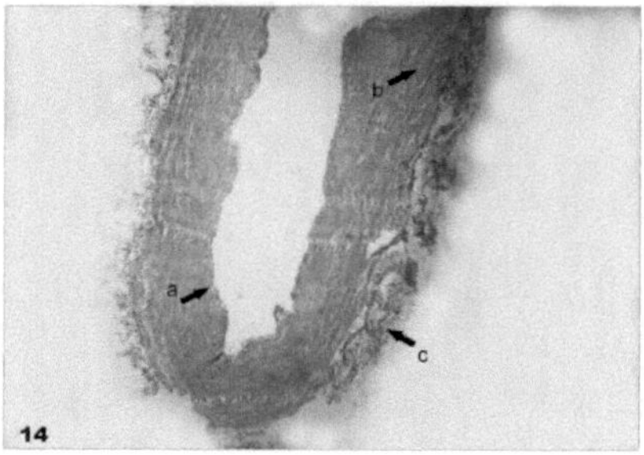

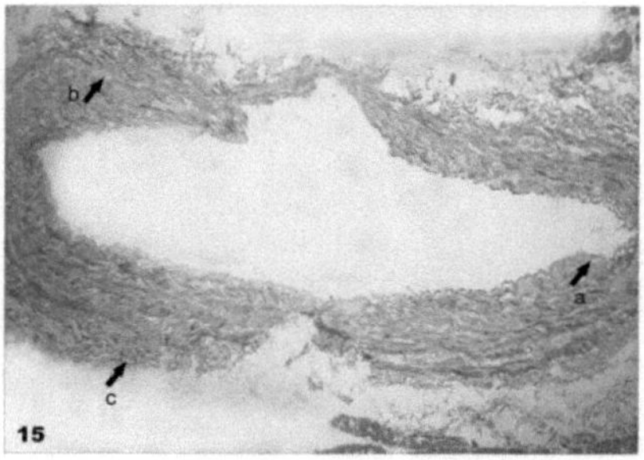

31: Fotomicrografia da artéria coronária esquerda na origem (G2) mostrando atividade PAS em

a) Endotélio b) Túnica externa (PAS, 100X)

Fig. 32: Fotomicrografia da artéria coronária esquerda média (G3) mostrando a atividade PAS no a) Endotélio b) Túnica externa (PAS, 100X)

Fig. 33: Fotomicrografia da artéria coronária esquerda em terminação (G3) mostrando atividade PAS em a) Endotélio b) Túnica externa (PAS, 100X)

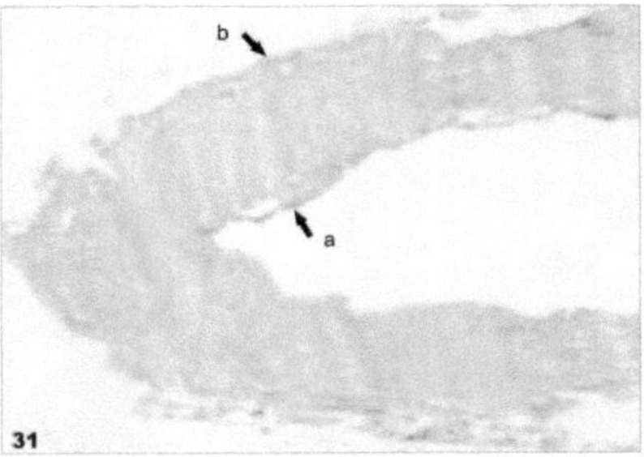

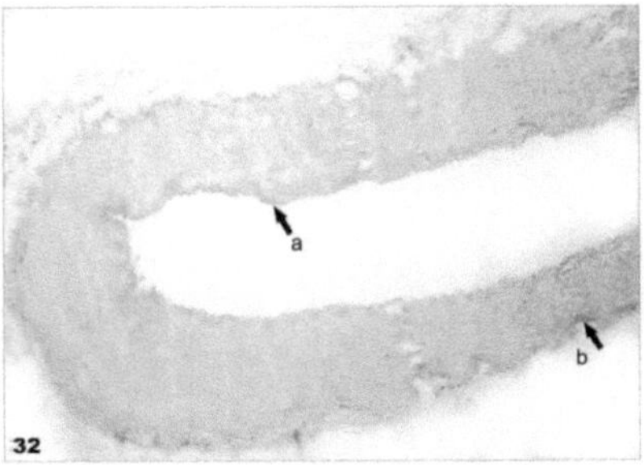

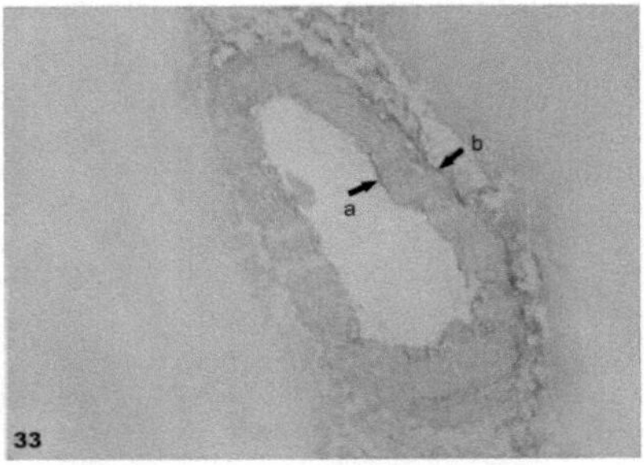

Fig. 34: Fotomicrografia da artéria coronária direita média (G1) mostrando atividade PAS no a) Endotélio b) Túnica externa (PAS, 400X)

Fig. 35: Fotomicrografia da artéria coronária direita em terminação (G2) mostrando atividade PAS em a) Endotélio b) Túnica externa (PAS, 400X)

Fig. 36: Fotomicrografia da artéria coronária esquerda na origem (G1) mostrando resultados negativos para a deposição de sais de cálcio nas túnicas do vaso. (Vermelho de alizarina S, 100X)

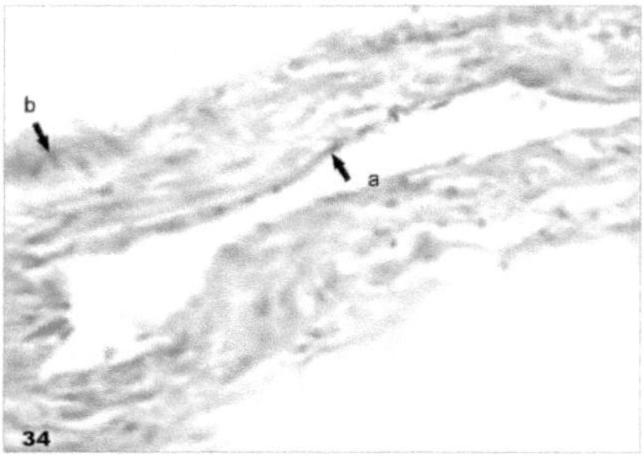

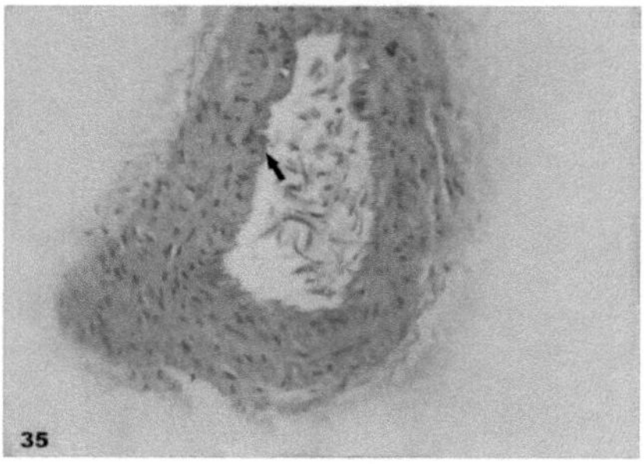

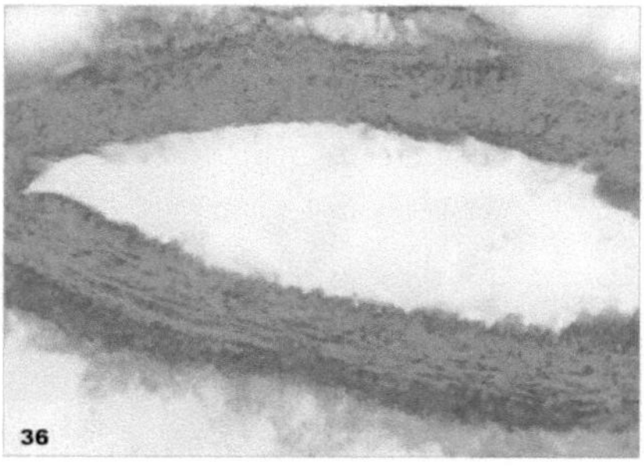

Fig. 37: Fotomicrografia da artéria coronária esquerda na origem (G3) mostrando a deposição de lípidos na a) Túnica íntima b) Túnica média c) Túnica externa (Sudan black B, 100X)

Fig. 38: Fotomicrografia da artéria coronária direita em terminação (G1) mostrando a deposição de lípidos no a) Endotélio b) Túnica externa (Sudan black B, 400X)

Fig. 39: Fotomicrografia da artéria coronária esquerda na origem (G2) mostrando a deposição de lípidos no a) Endotélio b) Túnica externa (Sudan black B, 100X)

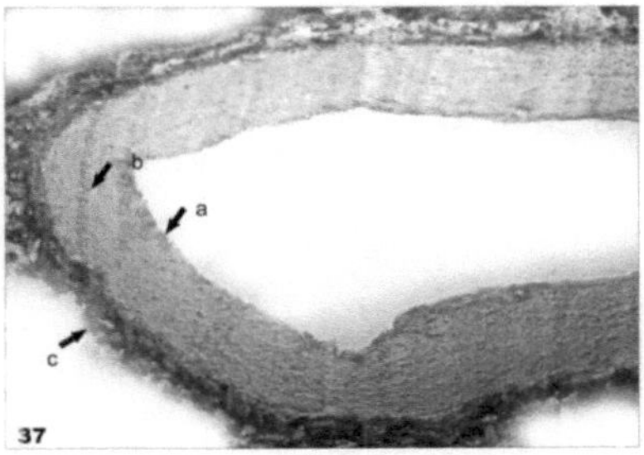

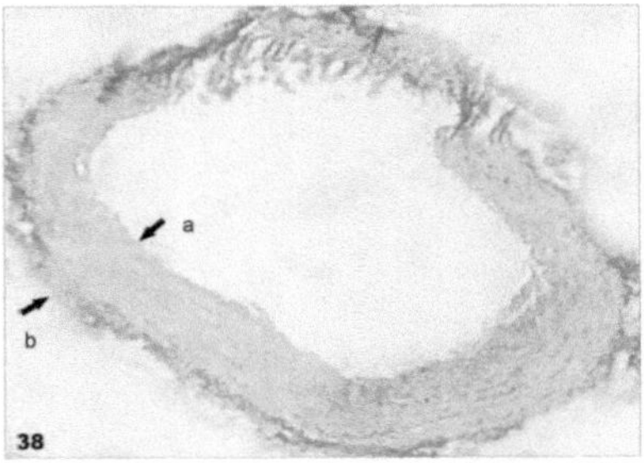

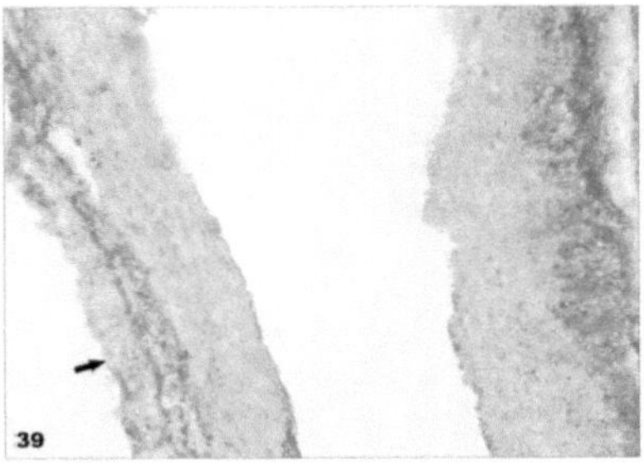

Fig. 40: Fotomicrografia da artéria coronária esquerda média (G3) mostrando a deposição de lípidos no a) Endotélio b) Túnica externa (Sudan black B, 100X)

Fig. 41: Fotomicrografia da artéria coronária esquerda na origem (G1) mostrando a atividade da fosfatase ácida no a) Endotélio b) Túnica externa (corante Azo, 100X)

Fig. 42: Fotomicrografia da artéria coronária direita na origem (G2) mostrando a atividade da fosfatase ácida no a) Endotélio b) Túnica externa (corante Azo, 100X)

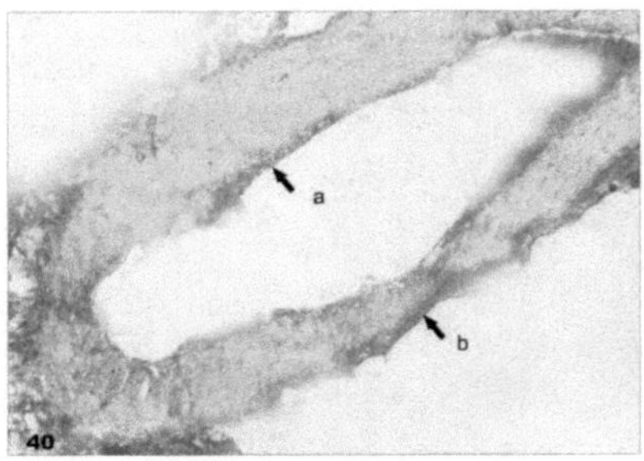

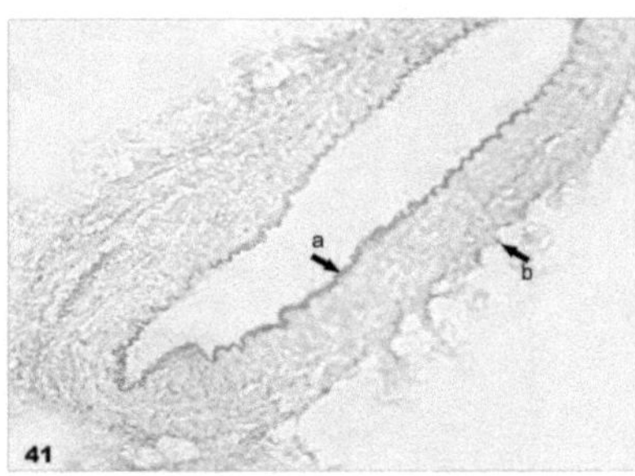

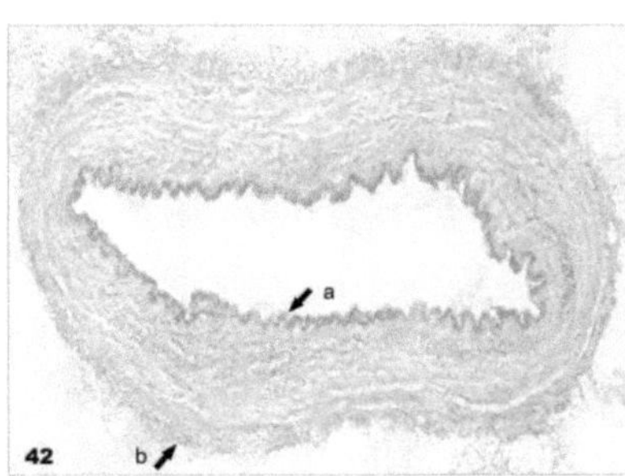

Fig. 43: Fotomicrografia da artéria coronária esquerda na origem (G3) mostrando a atividade da fosfatase ácida no a) Endotélio b) Túnica externa (corante Azo, 100X)

Fig. 44: Fotomicrografia da artéria coronária direita na origem (G3) mostrando a atividade da fosfatase ácida no a) Endotélio b) Túnica externa (corante Azo, 100X)

Fig. 45: Fotomicrografia da artéria coronária esquerda na origem (G1) mostrando a atividade da fosfatase alcalina na a) túnica externa b) tecido conjuntivo perivascular (corante Azo, 100X)

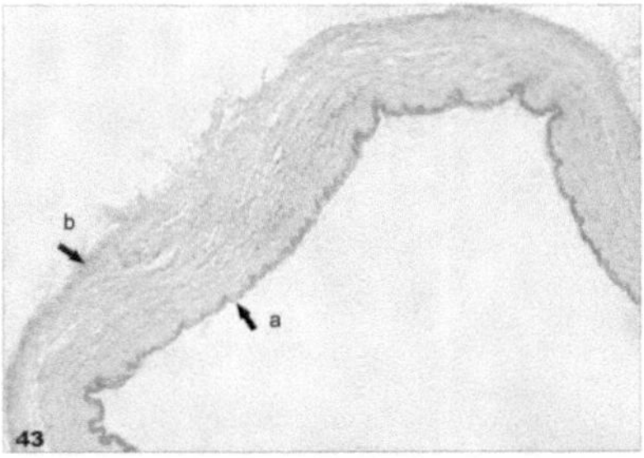

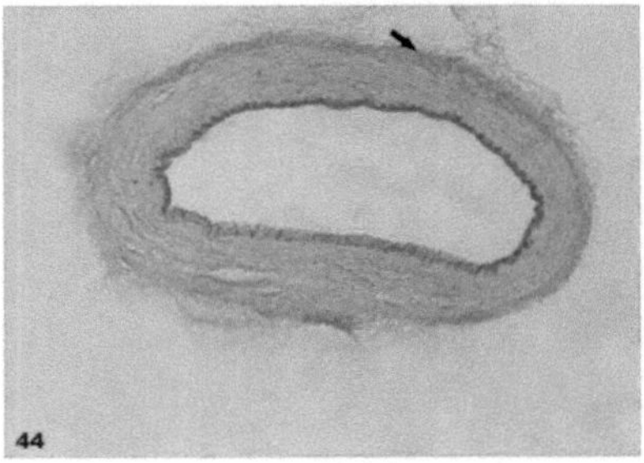

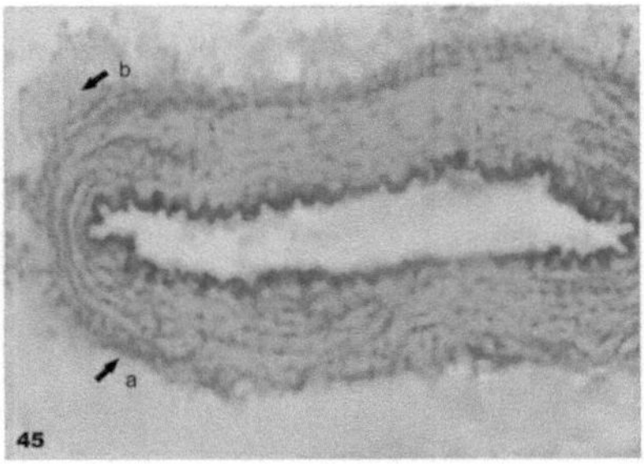

Fig. 46: Fotomicrografia da artéria coronária esquerda na origem (G2) mostrando a atividade da fosfatase alcalina na a) túnica externa b) tecido conjuntivo perivascular (corante Azo, 100X)

Fig. 47: Fotomicrografia da artéria coronária esquerda na origem (G3) mostrando a atividade da fosfatase alcalina no a) Endotélio b) Túnica externa (corante Azo, 100X)

Fig. 48: Fotomicrografia da artéria coronária direita na origem (G3) mostrando a atividade da fosfatase alcalina na a) túnica externa b) tecido conjuntivo perivascular (corante Azo, 100X)

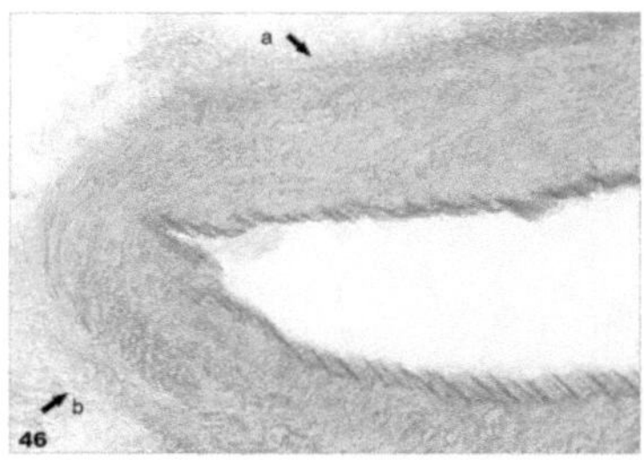

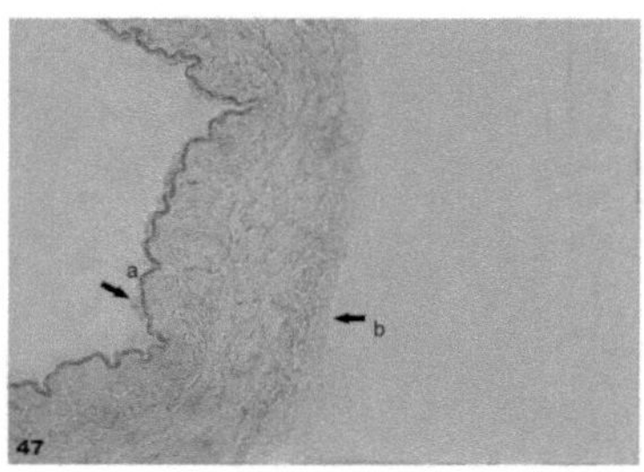

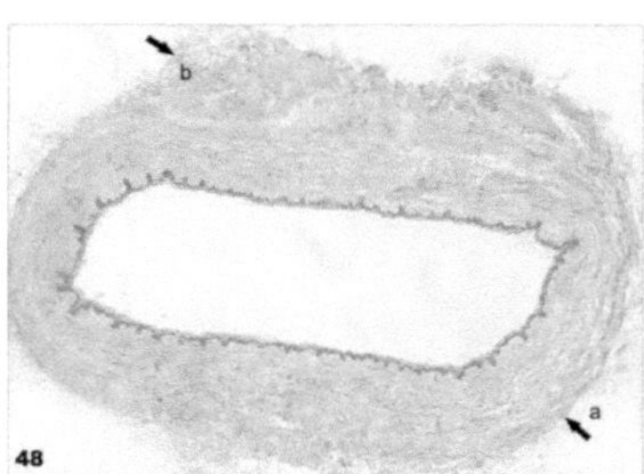

RESUMO E CONCLUSÕES

O presente estudo foi efectuado em 18 espécimes da artéria coronária de caprinos divididos em três grupos etários: G1 (até 1 ano), G2 (1-2 anos) e G3 (2-3 anos) com seis animais em cada grupo. As amostras de coração foram colhidas de cabritos, jovens e adultos no matadouro e levadas para o laboratório numa caixa arrefecida com gelo.

Depois de dissecar cada amostra, verificou-se que a artéria coronária esquerda estava localizada mais profundamente do que a direita e foram recolhidos pedaços de 5-7 cm de tamanho. As amostras frescas da artéria coronária foram utilizadas para a secção em criostato. As amostras também foram preservadas em formalina neutra tamponada a 10 por cento durante 48 horas para processamento de rotina da técnica de parafina em três locais diferentes, ou seja, na origem, na parte média e na parte terminal de cada vaso.

Os estudos histomorfológicos e micrométricos gerais foram efectuados a partir das secções coradas com hematoxilina e eosina. A presença de fibras de tecido conjuntivo foi verificada pelas secções coradas com os métodos de coloração de Van Gieson, tricrómio de Masson e orceína de prata e azul de anilina.

Nas observações histoquímicas, a atividade do glicogénio foi determinada pela reação do ácido periódico de Schiff, a deposição de lípidos pelo método do negro de Sudão B, a deposição de sais de cálcio pelo método do vermelho de Alizarina S e a presença de atividade de fosfatase alcalina e ácida foi estudada pelos métodos de acoplamento de corantes azóicos.

Verificou-se que a artéria coronária da cabra era de tipo muscular com três túnicas, nomeadamente a túnica íntima, a túnica média e a túnica adventícia, estando o seu lúmen localizado no centro. A localização e a idade desempenharam um papel fundamental na determinação dos diâmetros do vaso e do lúmen. O diâmetro horizontal máximo do lúmen da artéria coronária esquerda na origem foi registado nos jovens, mas na terminação foi maior nas crianças. Os diâmetros verticais máximos do lúmen das artérias coronárias esquerda e direita na terminação foram encontrados em adultos.

A túnica íntima era a túnica mais fina da parede da artéria coronária, que era ondulada e revestida por uma única camada de endotélio vascular. A espessura máxima da túnica íntima da artéria coronária direita na origem foi registada em cabras jovens. O endotélio era revestido por uma única camada de células endoteliais, planas e de tipo escamoso, com uma região nuclear central ligeiramente elevada. Verificou-se que algumas das células endoteliais eram alongadas e se projectavam para o lúmen da artéria, particularmente nos locais de ramificação, que serviam de almofadas endoteliais nesses locais de ramificação. A presença de células musculares epitelóides na camada íntima da artéria coronária marcou a progressão de eventos-chave como a aterosclerose e a reestenose na artéria. O endotélio repousa sobre a camada intermédia ou camada de tecido conjuntivo subendotelial, que é mais espessa e consiste predominantemente em fibras elásticas, juntamente com algumas fibras de colagénio e, ocasionalmente, células musculares lisas nas substâncias intercelulares amorfas. A camada externa da túnica íntima era constituída por uma placa espessa e fenestrada de tecido elástico, designada por lâmina elástica interna.

A camada média era a mais desenvolvida das três túnicas que constituíam a maior parte da parede da artéria coronária e consistia principalmente em músculos lisos, que tinham uma forma fusiforme com um núcleo localizado centralmente. Estavam dispostos de forma circular ou concêntrica, unidos para formar um todo coeso por fibras de tecido conjuntivo, tais como fibras reticulares, colagénio e fibras elásticas delicadas. A lâmina elástica externa estava rompida e mal definida. Havia a presença de pequenas artérias na túnica média, conhecidas como vasa vasorum, que desempenhavam um papel vital na nutrição desta camada e no transporte de resíduos para fora da túnica.

A adventícia era a camada mais externa da parede da artéria coronária, que tinha tecido conjuntivo irregularmente disposto com colagénio e fibras elásticas. A espessura da túnica média da artéria coronária direita na sua terminação aumenta com a idade. O vasa vasorum também estava presente nesta túnica, tendo funções semelhantes às da média.

A densidade das fibras de colagénio era maior na túnica externa do que na média e na íntima das artérias coronárias de cabritos, jovens e adultos. A presença de fibras de colagénio na parede da artéria coronária pode ser atribuída à sua contribuição para ajudar a parede do vaso a resistir a alterações internas relacionadas com a hemodinâmica, para além da proteção.

Foram registadas diferenças variáveis na presença de fibras elásticas subendoteliais na artéria coronária esquerda e direita devido às variações de idade dos animais. A presença de fibras elásticas na parede da artéria coronária pode ser atribuída à sua capacidade de esticar e recuar a parede vascular para manter a pressão sanguínea nos vasos sanguíneos. O presente estudo sugeriu a presença de fibras reticulares na parte média e externa da artéria coronária em todos os grupos etários da cabra em estudo.

O estudo histoquímico revelou que a atividade PAS foi encontrada na túnica externa e na íntima da artéria coronária, com ausência de atividade na média. A presença de atividade

PAS positiva durante o desenvolvimento das artérias coronárias pode ser considerada como necessária para uma maior necessidade de energia para a proliferação de tecidos que ocorre na altura do desenvolvimento da artéria com o avanço da idade.

A deposição de sais de cálcio não foi encontrada nas artérias coronárias esquerda e direita em todos os grupos etários dos animais em estudo.

Foram encontradas deposições de lípidos em todas as túnicas da artéria coronária, que aumentaram com o avançar da idade.

A atividade da fosfatase ácida foi exibida apenas no endotélio e na túnica externa da artéria coronária. A presença de atividade de fosfatase ácida foi associada à capacidade do lisossoma para catalisar a enzima hidrolase, o que pode ser atribuído à desintegração das células, quer por apoptose, quer por qualquer outro distúrbio.

Foram observados vários graus de atividade da fosfatase alcalina no endotélio, na túnica externa e nos tecidos conjuntivos perivasculares da artéria coronária. A presença de atividade da fosfatase alcalina nos vasos sanguíneos era indicativa da desfosforilação necessária para a absorção e transporte através destes vasos sanguíneos.

O presente estudo será útil para os clínicos avaliarem a configuração vascular na saúde e nas doenças da artéria coronária, bem como para estudarem a hemodinâmica em termos do endotélio de revestimento e da sua modificação para o mecanismo de coagulação.

REFERÊNCIAS

Anon (2007) Livestock Census of India, software do 18º Censo Pecuário, visitado em 22.06.2013.

Anon (2013) Repositório de Ciências Naturais, Graftware, visitado em 22.06.2013.

Aref, M. H. A., E. Maghraby e D. L. Garner (1968) A comparative study in young male animals of ten species of the distribution of alkaline phosphatase activity in small arteries. *Histochemie*. 16 : 227-235.

Awal, M. A., M. Asaduzzaman, M. A. Prodhan e M. Kurohmaru (2001) A histological study on the coronary artery of the indigenous black Bengal goat in Bangladesh. *Exp. Anim.* 50(1) : 73-76.

Bancroft, J. D. e A. Stevens (1982) Theory and Practice of Histological Techniques, 2ª ed., Churchill Livingstone, Edimburgo. Churchill Livingstone, Edinburgh.

Barry, M. M., P. Foulon, G. Touati, B. Ledoux, H. Sevestre, D. Carmi e M. Laude (2003) Estudo comparativo histológico e biométrico das artérias coronária, radial e torácica interna esquerda. *Surg Radiol Anat.* 25(3-4) : 284-289.

Boucek, R. J. R., Takashita e R. Fujaco (1963) Relação entre microanatomia e propriedades funcionais das artérias coronárias no cão. *Registo Anatómico*. 147 : 199-207.

Bylina, D., M. Wegrzyn e J. Rowinski (2004) Histological structure of bovine coronary arteries at varying distance from their origins from the aorta. *Rocz Akad Med Bialymst.* 49(1) : 164-166.

Cook, B. H., H. J. Granger e A. E. Taylor (1977) Metabolism of coronary arteries and arterioles. *Microvascular Research*. 14(2) : 145-159.

Dellmann, H. D. e E. M. Brown (1981) In : Text Book of Veterinary Histology, 2nd ed., Lea and Febigery, Philadelphia : (151). Lea and Febigery, Philadelphia: *(151).*

Deopujari, R. e A. Dixit (2010) O estudo das alterações relacionadas com a idade nas artérias coronárias e a sua relevância para a aterosclerose. *J. Anat. Soc. India.* 59(2) : 192-196.

Dhall, U., S. Choudhary e B. Sirohiwal (2003) Histomorphometric analysis of coronary arteries: Sexual Dimorphism. *J. Anat. Soc. India.* 52(2) : 144-146.

Dodge, J. T., B. G. Brown, E. L. Bolson e H. T. Dodge (1992) Lumen diameter of normal human coronary arteries. Influência da idade, sexo, variação anatómica e hipertrofia ou dilatação do ventrículo esquerdo. *Circulation*. 86(1) : 232-246.

Drury, R. A. B. e E. A. Wallington (1980) Carleton's Histological Technique, 5th ed., Oxford University Press, York / Toranto. Oxford University Press, Nova Iorque / Toranto.

Eurell, J. A. e B. L. Frappier (2006) Text Book of Veterinary Histology, 6th ed. Blackwell Publishing Professional, U.S.A : *(120)*.

Gross, L., M. D. Emanueal, E. Z. Epstein e M. A. Kugel (1934) Histology of coronary arteries and their branches in the human heart. *American Journal of Pathology*. 10 : 253-274.

Hadjiisky, P. P., N. N. Peyri, J. J. Renals e L. L. Scebat (2011) Comportamento da lipoidose aórtica em ratos vinte meses após a interrupção da dieta hiperlipídica. *Sigma Alorich*. 57(7-8) : 365-372.

Ham, A. W. e T. S. Leeson (1961) Histology, 4th ed., J. B. Lippincott Company, Philadelphia / Montreal: (517-520). J. B. Lippincott Company, Philadelphia / Montreal : *(517-520)*.

Júnior, M. e P. César (2009) Estudo anatómico das artérias coronárias em caprinos. *Pesq. Vet. Bras.* 29(4) : 358-362.

Khan, H., A. A. Khan e N. A. Faruqi (2006) Comparative Histology of Coronary Arteries in Mammals. *J. Anat. Soc. India*. 55 (1) : 2730.

Kumar, K. (2003) Anatomy of human coronary arterial lipid accumulation, *J. Anat. Soc. of India*. 52(2) : 147-149.

Kumar, K. (2010) Histological study of collagen in coronary arteries of Mammals, Anatomica Karnataka. 4(1) : 10-14.

Ledet, T. (1968) Histological and histochemical changes in the coronary arteries of old diabetic patients, *Diabetologia*. 4(5) : 268-272.

Levene, C. I. (1956) The early lesion of atheroma in coronary arteries, *Journal of Pathology and Bacteriology*. 72 : 79-83.

Lorenz, G. e H. Hunigen (1989a) Light microscopic studies of the intramural coronary arteries in the trabeculaseptomarginalis of the right heart ventricle of cattle, swine and dwarf goats. *Z. Mikrosk Anat Forsch*. 103 (1) : 139-150.

Lorenz, G. and H. Hunigen (1989b) Quantitative morphology of the intramural coronary arteries of the trabeculaseptomarginalis of pigmy goats and swine.*Z Mikrosk Anat Forsch.* 103(6) : 936-944.

Lorenz, G. e H. Guski (1990) Histotopographic and morphometric studies of the intramural coronary arteries in the trabeculaseptomarginalis of swine and pigmy goats. *Zentralbl Allg Pathol.* 136(1-2) : 87-95.

Oka, M., S. S. Brodie e A. A. Angrist (1968) Sex-dependent vascular changes in young, adult, aged and hypertensive rats. *American Journal of Pathology.* 53(1) : 127-147.

Parmar, M. L. (2002) Histomorphological and histochemical studies on blood vessels of mammary gland in goat. Boletim técnico, XVII Convenção da IAVA. pp : 60.

Piallat, M. L. B. e G. Gabbiani (2005) Modulation of Smooth Muscle Cell Proliferation and Migration: Role of Smooth Muscle Cell Heterogeneity. Atherosclerosis. 170 : 645-663.

Ramkrishna, V. e K. M. Gadre (2004) A Systemic Histology of Domestic Animals, 2nd ed., Jaypee Brothers Medical Publishers (P. LTD): (62) Jaypee Brothers Medical Publishers (P) LTD, Nova Deli: *(62).*

Rapola, J. e E. Pesonen (1977) Coronary artery changes in newborn babies. Um estudo histológico e de microscopia eletrónica. *ActaPathologica.* 85 A(3) : 286-296.

Romanual, F. C. A. e R. G. Bannister (1962) Áreas localizadas de elevada atividade da fosfatase alcalina na árvore arterial terminal. *J. Cell Biol.* 15(1) : 73-84.

Samuelson, D. A. (2007) Text Book of Veterinary Histology, Saunders, an imprint of Elsevier Inc, Missouri : *(211).*

Singh, U. B. e S. Sulochana (1996) Handbook of Histological and Histochemical technique, 1st ed., Primier Publishing House, Hyderabad: (20-94). Primier Publishing House, Hyderabad: *(20-94).*

Snedecor, G. W. e W. G. Cochran (1994) Statistical Methods, 7th ed., Oxford and IBH Publishing Co, Calcutá. Oxford e IBH Publishing Co, Calcutá.

Tyagi, S. P. e S. K. Dadgar (1978) Histological changes in coronary arteries in relation to age. *Indian Heart Journal.* 30 (4) : 246-248.

Yang, K. Q., G. P. Zhang, Q. G. Peng, H. Q. Chen, L. R. Zhang e Z. N. Xue (1989) Observação e medição das artérias coronárias de cabras. Hua Xi Yi Ke Da Xue Xue Bao. 20(2) : 175-177.

Yohro, T. e G. Burnstock (1973) Estrutura fina das "almofadas da íntima" em locais de ramificação nas artérias coronárias de vertebrados. *Z. Anat. Entwickl-Gesch*. 140:187-202.

Tabela

Tabela 1: Observações micrométricas sobre o diâmetro horizontal (µm) do lúmen da artéria coronária em cabras

Parâmetros	G1 (até 1 ano) (Média ± S. E)	G2 (1-2 anos) (Média ± S. E)	G3 (2-3 anos) (Média ± S. E)	Rácio de variância
Artéria coronária esquerda na origem	40.57 ± 3.68^{ab}	47.31 ± 3.58^{a}	35.98 ± 3.27^{b}	15.46*
Artéria coronária esquerda a meio	19.58 ± 2.26	29.92 ± 4.82	30.86 ± 5.24	37,90 NS
Artéria coronária esquerda na terminação	47.6 ± 5.8^{a}	15.13 ± 4.38^{b}	36.81 ± 9.49^{a}	52.36*
Artéria coronária direita na origem	15.24 ± 2.94	8.07 ± 1.75	23.79 ± 6.54	67,64 NS
Artéria coronária direita a meio	4.94 ± 0.99	12.49 ± 5.51	13.38 ± 6.5	125,83 NS
Artéria coronária direita na terminação	4.38 ± 1.09^{b}	4.26 ± 0.8^{b}	21.84 ± 4.15^{a}	53.29**

Tabela 2: Análise de variância para o diâmetro horizontal do lúmen da artéria coronária esquerda na origem em cabras

Fonte de variação	Graus de liberdade	Soma de quadrados	Soma média dos quadrados	F cal	F prob
Grupos	2	389.705	194.852	4.784	0.027
Erro	15	611.274	40.754	-	-
Total	17	-	-	-	-

$P < 0.05$

c.d - 7,850

Tabela 3: Análise de variância para o diâmetro horizontal do lúmen da artéria coronária esquerda na terminação em cabras

Fonte de variação	Graus de liberdade	Soma de quadrados	Soma média dos quadrados	F cal	F prob
Grupos	2	3280.343	1640.176	5.436	0.018
Erro	15	4529.492	301.962	-	-

Total	17	-	-	-	-

P < 0,05 **c.d.** -21,377

Tabela 4: Análise de variância para o diâmetro horizontal do lúmen da artéria coronária direita na terminação em cabras

Fonte de variação	Graus de liberdade	Soma de quadrados	Soma média dos quadrados	F cal	F prob
Grupos	2	1228.306	614.158	10.520	0.003
Erro	15	875.199	58.340	-	-
Total	17	-	-	-	-

P < 0,01P < 0,05

c.d - 12,994 **c.d** - 9,398

Tabela 5: Observações micrométricas sobre o diâmetro vertical (µm) do lúmen da artéria coronária em cabras

Parâmetros	GI (até 1 ano) (Média ± S. E)	G2(1-2 Anos) (Média ± S. E)	G3 (2-3 anos) (Média ± S. E)	Rácio de variância
Artéria coronária esquerda na origem	144.37 ± 6.84^{ab}	120.65 ± 10.47^{b}	162.93 ± 12.7^{a}	17.09*
Artéria coronária esquerda a meio	101.83 ± 7.48	82.87 ±11.7	102.61 ± 11.7	27,35 NS
Artéria coronária esquerda na terminação	41.46 ± 5.6^{b}	49.83 ± 6.34^{ab}	64.54 ± 6.74^{a}	28.68*
Certo	35.13 ±4.11	42.95 ± 8.63	36.93 ± 5.2	40,34 NS
artéria coronária na origem				
Artéria coronária direita a meio	26.75 ± 4.44	28.15 ± 9.26	20.03 ± 2.17	60,88 NS
Artéria coronária direita na terminação	31.26 ± 5.06^{a}	13.23 ± 2.86^{b}	40.26 ± 2.86^{a}	28.75**

Tabela 6: Análise de variância para o diâmetro vertical do lúmen da artéria coronária esquerda na origem em cabras

Fonte de variação	Graus de liberdade	Soma de quadrados	Soma média dos quadrados	F cal	F prob
Grupos	2	5390.264	2695.132	4.535	0.028
Erro	15	8921.248	594.743	-	-
Total	17	-	-	-	-

$P < 0.05$

c.d - 30.007

Tabela 7: Análise de variância para o diâmetro vertical do lúmen da artéria coronária esquerda na terminação em cabras

Fonte de variação	Graus de liberdade	Soma de quadrados	Soma média dos quadrados	F cal	F prob
Grupos	2	1638.258	819.124	3.681	0.048
Erro	15	3331.488	222.098	-	-
Total	17	-	-	-	-

$P < 0.05$

c.d - 18.336

Tabela 8: Análise de variância para o diâmetro vertical do lúmen da artéria coronária direita na terminação em cabras

Fonte de variação	Graus de liberdade	Soma de quadrados	Soma média dos quadrados	F cal	F prob
Grupos	2	2272.746	1136.373	17.221	0.001
Erro	15	989.747	65.980	-	-
Total	17	-	-	-	-

P < 0,01P < 0,05

c.d -13,828 **c.d** -9,999

Tabela 9: Observações micrométricas sobre o diâmetro horizontal (μm) da artéria coronária em cabras

Parâmetros	G1 (até 1 ano) (Média ± S. E)	G2 (1-2 anos) (Média ± S. E)	G3 (2-3 anos) (Média ± S. E)	Rácio de variância
Artéria coronária esquerda na origem	74.37 ±4.46[b]	89.92 ± 5.97[a]	80.37 ± 4.89[ab]	11.83*

Artéria coronária esquerda a meio	45.27 ±4.07^{b}	60.16 ±4.95^{a}	60.63 ± 4.68^{a}	16.70*
Artéria coronária esquerda na terminação	53.78 ±11.24	47.15 ±4.57	65.17 ±7.24	36,61 NS
Artéria coronária direita na origem	20.24 ±2.61^{b}	17.53 ± 1.98^{b}	44.88 ± 6.13^{a}	33.75**
Artéria coronária direita a meio	15.94 ±2.33	16.11 ±5.9	16.11 ±2.7	60,35 NS
Artéria coronária direita na terminação	11.20 ± 1.71^{b}	8.69 ± 1.48^{b}	57.18 ±5.7^{a}	29.80**

Tabela 10: Análise de Variância para o diâmetro horizontal da artéria coronária esquerda na origem em cabras

Fonte de variação	Graus de liberdade	Soma de quadrados	Soma média dos quadrados	F cal	F prob
Grupos	2	738.562	369.286	3.960	0.044
Erro	15	1396.674	93.114	-	-
Total	17	-	-	-	-

P < 0.05

c.d - 11,870

Table 11: Análise de Variância para o diâmetro horizontal da artéria coronária esquerda média em caprinos

Fonte de variação	Graus de liberdade	Soma de quadrados	Soma média dos quadrados	F cal	F prob
Grupos	2	914.917	457.453	5.341	0.016
Erro	15	1283.287	85.551	-	-
Total	17	-	-	-	-

P < 0.05

c.d - 11,378

Table 12: Análise de Variância para o diâmetro horizontal da artéria coronária direita na origem em caprinos

Fonte de variação	Graus de liberdade	Soma de quadrados	Soma média dos quadrados	F cal	F prob

Grupos	2	2724.535	1362.267	15.745	0.002
Erro	15	1297.768	86.515	-	-
Total	17	-	-	-	-

P < 0,01P < 0,05

c.d - 15,820 **c.d** - 11,849

Tabela 13: Análise de Variância para o diâmetro horizontal da artéria coronária direita na terminação em cabras

Fonte de variação	Graus de liberdade	Soma de quadrados	Soma média dos quadrados	F cal	F prob
Grupos	2	8944.162	4472.086	76.256	1.388
Erro	15	879.724	58.641	-	-
Total	17	-	-	-	-

P < 0,01P < 0,05

c.d - 13,030 **c.d** - 9,421

Tabela 14: Observações micrométricas sobre o diâmetro vertical (µm) da artéria coronária em cabras

Parâmetros	Gi (até 1 ano) (Média ± S. E)	G2 (1-2 anos) (Média ± S. E)	G3 (2-3 anos) (Média ± S. E)	Rácio de variância
Artéria coronária esquerda na origem	169.82 ± 8.78	164.24 ± 8.58	196.84 ± 12.26	12,74 NS
Artéria coronária esquerda a meio	135.67 ± 10.16	114.68 ± 12.63	133.48 ± 11.9	22,34 NS
Artéria coronária esquerda na terminação	63.76 ± 5.07[b]	94.94 ± 4.01[a]	91.1 ± 7.65[a]	14.09**
Artéria coronária direita na origem	35.29 ± 5.03	53.17 ±9.94	51.70 ± 7.05	40,85 NS
Artéria coronária direita a meio	22.31 ± 3.35[b]	23.39 ± 3.29[b]	37.7 ± 5.62[a]	35.34*
Artéria coronária direita na terminação	34.746 ± 6.57[b]	26.176 ± 3.39[b]	76.65 ± 13.27[a]	40.57**

Tabela 15: Análise de Variância para o diâmetro vertical da artéria coronária esquerda na terminação em cabras

Fonte de variação	Graus de liberdade	Soma de quadrados	Soma média dos quadrados	F cal	F prob
Grupos	2	3468.519	1734.259	12.588	0.006
Erro	15	2067.246	137.813	-	-
Total	17	-	-	-	-

P < 0,01P < 0,05

c.d - 19,972 **c.d** - 14,445

Tabela 16: Análise de Variância para o diâmetro vertical da artéria coronária **direita** média em cabrito

Fonte de variação	Graus de liberdade	Soma de quadrados	Soma média dos quadrados	F cal	F prob
Grupos	2	885.144	442.572	4.583	0.029
Erro	15	1448.434	96.560	-	-
Total	17	-	-	-	-

P < 0.05

c.d - 12,089

Tabela 17: Análise de Variância para o diâmetro vertical da artéria coronária direita na terminação em cabrito

Fonte de variação	Graus de liberdade	Soma de quadrados	Soma média dos quadrados	F cal	F prob
Grupos	2	8753.782	4376.896	8.304	0.007
Erro	15	7904.850	526.992	-	-
Total	17	-	-	-	-

P < 0,01P < 0,05

c.d - 39,059 **c.d** - 28,248

Tabela 18: Observações micrométricas sobre a espessura (µm) da túnica íntima da artéria coronária em cabras

Parâmetros	GI (até 1 ano) (Média ± S. E)	G2 (1-2 anos) (Média ± S. E)	G3 (2-3 anos) (Média ± S. E)	Rácio de variância
Artéria coronária esquerda na origem	1.01 ± 0.35	1.08 ± 0.35	1.41 ± 0.46	55,90 NS

Artéria coronária esquerda a meio	1.45 ± 0.47	1.41 ± 0.46	1.15 ± 0.38	48,11 NS
Artéria coronária esquerda na terminação	0.76 ± 0.22	0.84 ± 0.38	0.84 ± 0.3	64,95 NS
Certo	0.34 ± 0.22^{b}	1.22 ± 0.4^{a}	0.99 ±	63.63*
artéria coronária na origem			0.42^{ab}	
Artéria coronária direita a meio	0.69 ± 0.22	0.80 ± 0.42	0.80 ± 0.3	77,84 NS
Artéria coronária direita na terminação	0.46 ± 0.22	0.46 ± 0.22	1.30 ± 0.57	88,98 NS

Tabela 19: Análise de variância para a espessura da túnica íntima da artéria coronária direita na origem, em caprinos

Fonte de variação	Graus de liberdade	Soma de quadrados	Soma média dos quadrados	F cal	F prob
Grupos	2	2.508	1.259	4.227	0.039
Erro	15	4.454	0.298	-	-
Total	17	-	-	-	-

$P < 0.05$

c.d -0,673

Tabela 20: Observações micrométricas sobre a espessura (µm) da túnica média da artéria coronária em cabras

Parâmetros	G1 (até 1 ano) (Média ± S. E)	G2(1-2 Anos) (Média ± S. E)	G3 (2-3 anos) (Média ± S. E)	Rácio de variância
Artéria coronária esquerda na origem	15.67 ±1.73	19.61 ±2.89	21.72 ±2.1	21,49 NS
Artéria coronária esquerda a meio	14.79 ±1.93	18.55 ±2.36	18.89 ±2.53	23,32 NS
Artéria coronária esquerda na terminação	12.06 ± 1.73^{b}	11.04 ± 1.35^{b}	16.34 ± 1.92^{a}	17.43**
Coronária direita	6.01 ± 1.55	8.28 ± 1.61	9.81 ± 2.03	44,42 NS
artéria na origem				

Artéria coronária direita a meio	7.31 ± 1.31	10.12 ± 3.45	4.40 ± 0.99	71,44 NS
Artéria coronária direita na terminação	6.28 ± 2.13[b]	2.80 ± 0.66[b]	12.84 ± 2.88[a]	65.21**

Tabela 21: Análise de variância para a espessura da túnica média da artéria coronária esquerda na terminação em cabras

Fonte de variação	Graus de liberdade	Soma de quadrados	Soma média dos quadrados	F cal	F prob
Grupos	2	94.928	47.464	9.038	0.006
Erro	15	78.834	5.253	-	-
Total	17	-	-	-	-

P < 0,01P < 0,05

c.d - 3.905 **c.d** - 2.824

Tabela 22: Análise de variância para a espessura da túnica média da artéria coronária direita na terminação em cabras

Fonte de variação	Graus de liberdade	Soma de quadrados	Soma média dos quadrados	F cal	F prob
Grupos	2	311.760	155.880	6.858	0.006
Erro	15	340.903	22.729	-	-
Total	17	-	-	-	-

P < 0,01P < 0,05

c.d - 8.112 **c.d** - 5.863

Tabela 23: Observações micrométricas sobre a espessura (µm) da túnica externa da artéria coronária em cabras

Parâmetros	G1 (até 1 ano) (Média ± S. E)	G2(1-2 Anos) (Média ± S. E)	G3 (2-3 anos) (Média ± S. E)	Rácio de variância
Artéria coronária esquerda na origem	5.65 ± 1.17	7.39 ± 1.24	5.22 ± 0.99	28,05 NS
Artéria coronária esquerda a meio	4.25 ± 0.9	4.90 ± 0.87	6.24 ± 1.45	31.10 NS
Artéria coronária	4.81 ± 0.93	4.14 ± 0.85	5.55 ± 0.97	21,64 NS

esquerda na terminação				
Artéria coronária direita na origem	2.87 ± 0.96	4.67 ± 1.41	4.63 ± 1.31	60,35 NS
Artéria coronária direita a meio	3.83 ± 0.96	3.56 ± 1.1	2.49 ± 0.66	53,66 NS
Artéria coronária direita na terminação	3.39 ± 1.22^{b}	1.94 ± 0.54^{b}	6.97 ± 1.34^{a}	49.65**

Tabela 24: Análise de variância para a espessura da túnica externa da artéria coronária direita na terminação em cabras

Fonte de variação	Graus de liberdade	Soma de quadrados	Soma média dos quadrados	F cal	F prob
Grupos	2	80.537	40.268	9.690	0.009
Erro	15	62.290	4.152	-	-
Total	17	-	-	-	-

P < 0,01P < 0,05

c.d -3.464 **c.d** -2.503

1 Significativo ao nível de 5%

2 * Significativo ao nível de 1%

NS Não significativo

Fig. 1: ALTERAÇÕES NO DIÂMETRO HORIZONTAL (µm) DO LÚMEN DA ARTÉRIA CORONÁRIA EM CABRA, DE ACORDO COM A IDADE

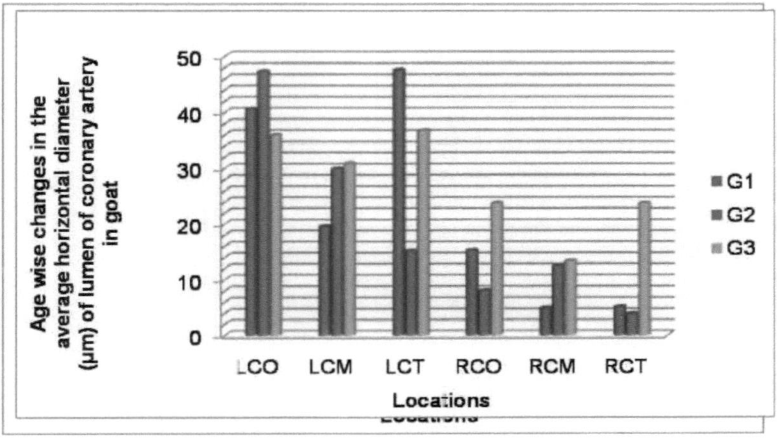

Fig. 2: ALTERAÇÕES NO DIÂMETRO VERTICAL (µm) DO LÚMEN DA ARTERIA CORONÁRIA EM CABRA, CONFORME A IDADE

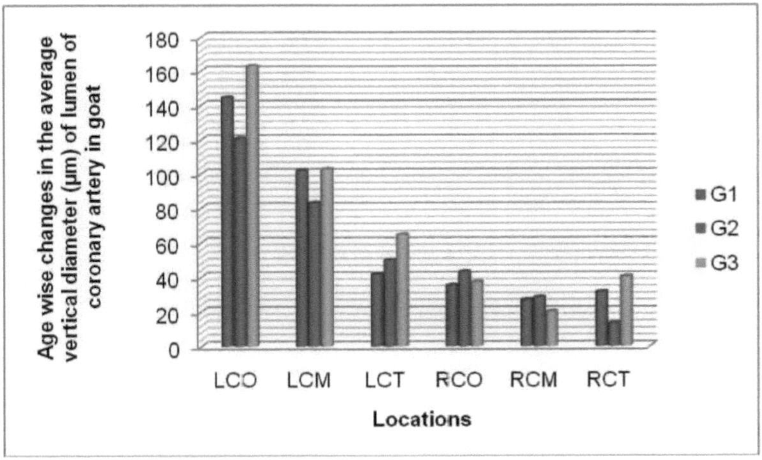

Fig. 3 : Alterações no diâmetro horizontal (µm) da artéria coronária em cabras, de acordo com a idade

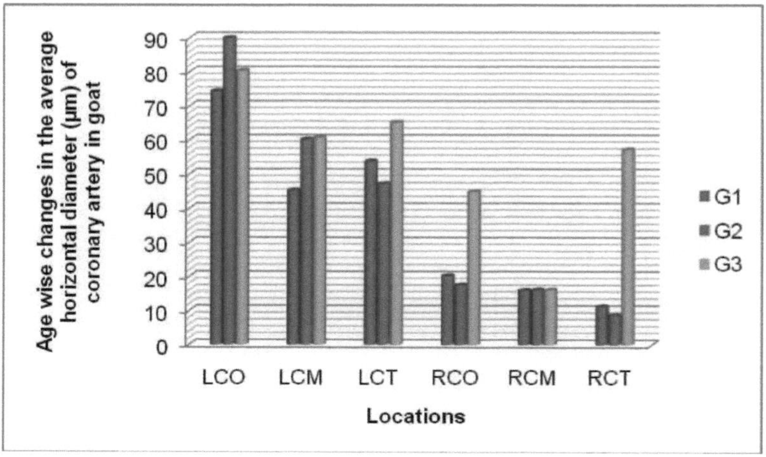

Fig. 4 : alterações no diâmetro vertical (µm) da artéria coronária em cabras, de acordo com a idade

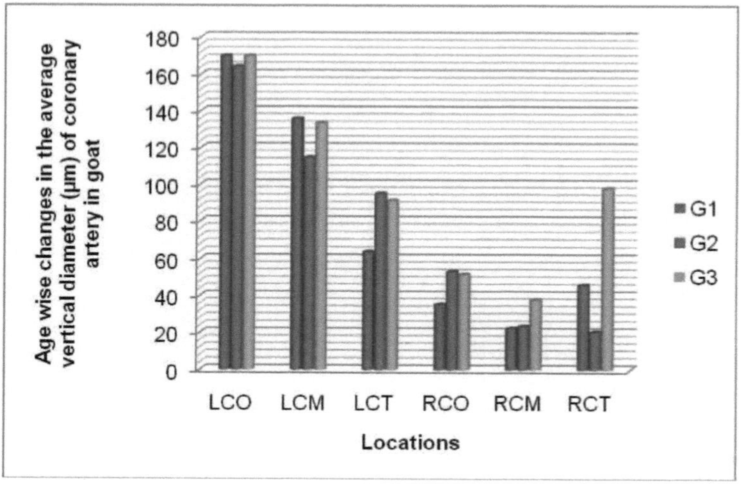

Fig. 5: ALTERAÇÕES NA ESPESSURA (µm) DA TÚNICA ÍNTIMA DA ARTERIA CORONÁRIA EM CABRA, EM FUNÇÃO DA IDADE

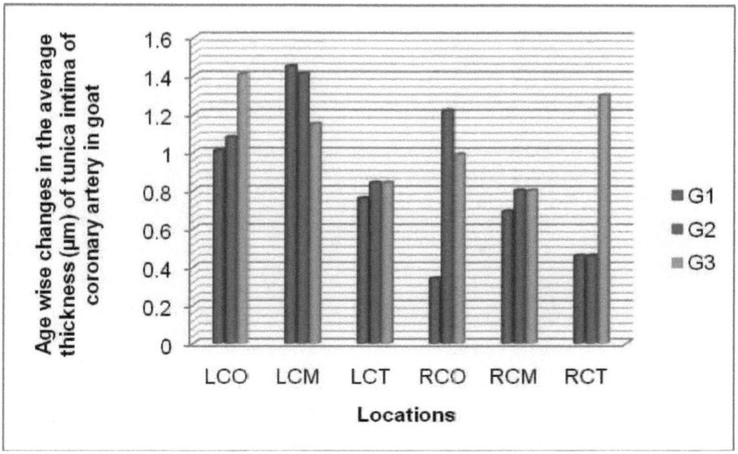

Fig. 6: **ALTERAÇÕES NA ESPESSURA (µm) DA TÚNICA MÉDIA DA ARTERIA CORONÁRIA EM CABRA, EM FUNÇÃO DA IDADE**

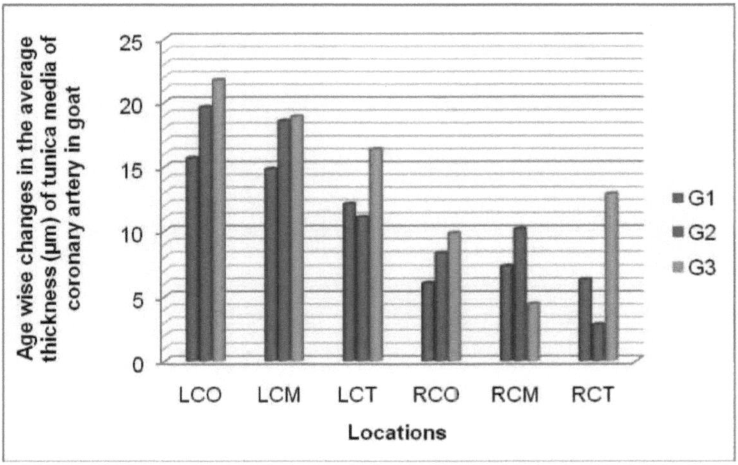

Fig. 7 : alterações de espessura (µm) da túnica externa da artéria coronária em cabras, de acordo com a idade

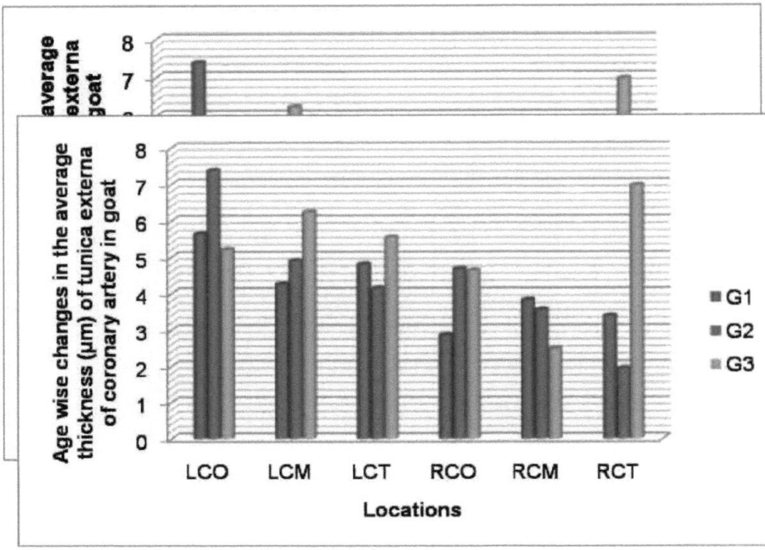
Age wise changes in the average thickness (µm) of tunica externa of coronary artery in goat
0
1
2
3
4
5
6
7
8
LCO
LCM
LCT
RCO
RCM
RCT
Locations
G1
G2
G3

VITA

O autor, **Srinivas Sathapathy,** nasceu a 27th de novembro de 1987 em Berhampur, Orissa. Obteve 1st classe na matrícula no ano de 2003 e 1st classe no nível intermédio em 2005. Concluiu a sua licenciatura em CVSc. e A.H. em 2011 na Universidade de Agricultura e Tecnologia de Orissa, Bhubaneswar, Odisha, com uma bolsa de mérito. Subsequentemente, completou o seu mestrado em Anatomia e Histologia Veterinárias em 2013 pelo Nagpur Veterinary College, Maharashtra Animal and Fishery Sciences University, Nagpur, Maharashtra com o ICAR-JRF. Em seguida, ingressou no doutoramento em C.V.A.Sc., G.B. Pant University of Agriculture and Technology, Pantnagar, Uttarakhand, em 2013, através da bolsa DST Inspire Fellowship. Qualificou-se também para o ICAR-SRF em 2014. Depois disso, interrompeu temporariamente a sua atividade e, em seguida, entrou como Professor Assistente no Departamento de Anatomia e Histologia, CVSc. e A.H., OUAT, Bhubaneswar. Atualmente, prossegue a parte restante dos seus estudos de doutoramento no Departamento de Anatomia Veterinária, C.V.A.Sc., G.B. Pant University of Agriculture and Technology, Pantnagar, Uttarakhand, depois de ter sido dispensado do seu serviço em licença de estudo.

A autora, **Sra. Suman Kumari Joshi,** nasceu a 17th de agosto de 1985 em Sundargarh, Orissa. Obteve 1st classe na matrícula no ano de 2001 e 1st classe no curso intermédio em 2003. Concluiu o seu bacharelato em Ciências Vasculares e Ciências da Saúde em 2011 na Universidade de Agricultura e Tecnologia de Orissa, Bhubaneswar, Odisha. Posteriormente, completou o seu Mestrado em Produção e Gestão Pecuária (LPM) em 2013 pelo CVSc. e A.H., Universidade de Agricultura e Tecnologia de Orissa, Bhubaneswar, Odisha, com uma bolsa institucional. Em seguida, ingressou no doutoramento na Divisão de LPM do Instituto Nacional de Investigação dos Produtos

Lácteos em 2013 e, subsequentemente, concluiu o seu doutoramento em 2016, beneficiando da bolsa DST Inspire Fellowship e da bolsa institucional. Também se qualificou no ICAR-SRF em 2014. Atualmente, trabalha como cientista (veterinária/ciência animal) no Krishi Vigyan Kendra (KVK), Jharsuguda, Universidade de Agricultura e Tecnologia de Orissa, Bhubaneswar.

RESUMO

O presente estudo foi realizado na artéria coronária de 18 cabras divididas em três grupos etários: G1 (até 1 ano), G2 (1-2 anos) e G3 (2-3 anos) com seis animais em cada grupo para registar as peculiaridades anatómicas, histológicas e histoquímicas.

O estudo histológico revelou que a artéria coronária da cabra era do tipo muscular com três túnicas, nomeadamente a túnica íntima, a túnica média e a túnica adventícia, estando o seu lúmen localizado no centro. A localização e a idade desempenharam um papel fundamental na determinação dos diâmetros do vaso e do lúmen. A íntima era ondulada e revestida por uma única camada de endotélio vascular do tipo liso e escamoso, juntamente com o tecido conjuntivo subendotelial e a lâmina elástica interna, que apresentava fragmentação, particularmente em cabras adultas. Verificou-se a presença de almofadas endoteliais, particularmente nos locais de ramificação da artéria, e de células musculares endoteliais na íntima.

A túnica média constitui a maior parte da parede da artéria e é composta principalmente por músculos lisos, que têm uma forma fusiforme com um núcleo central. Estavam dispostos de forma circular ou concêntrica, unidos para formar um todo coeso por fibras de tecido conjuntivo, tais como fibras reticulares, colagénio e fibras elásticas delicadas. O número de camadas de fibras musculares lisas diminuiu gradualmente em ambas as artérias coronárias, à medida que estas se deslocavam da origem para a terminação. A lâmina elástica externa estava rompida e mal definida.

A túnica adventícia era a camada mais externa da parede da artéria coronária, que tinha tecido conjuntivo irregularmente disposto com fibras colagénicas e elásticas. Os vasa vasorum estavam presentes na média e na adventícia, que não só alimentavam estas camadas, mas também transportavam os resíduos para fora delas. As observações micrométricas revelaram resultados variáveis entre os grupos etários dos animais.

A densidade de fibras de colagénio era maior na túnica externa do que na média e na íntima em ambas as artérias coronárias em todos os grupos etários dos animais em estudo. Foram registadas diferenças variáveis na presença de fibras elásticas subendoteliais nas artérias coronárias esquerda e direita devido às variações de idade dos animais. As fibras reticulares foram encontradas na parte média e externa da artéria coronária em todos os grupos etários das cabras em estudo.

No estudo histoquímico, verificou-se que a atividade do PAS foi encontrada na túnica externa e na íntima da artéria coronária, com ausência de atividade na média. A deposição de sais de cálcio não foi encontrada em ambas as artérias coronárias em todos os grupos etários dos animais em estudo.

As deposições de lípidos foram encontradas em todas as túnicas da artéria coronária. A quantidade de deposição de lípidos na túnica íntima da artéria coronária esquerda foi superior à depositada na direita em todos os grupos etários da cabra e a deposição aumentou com o avançar da idade dos animais, tanto na artéria coronária esquerda como na direita.

A atividade da fosfatase ácida foi exibida apenas no endotélio e na túnica externa da artéria coronária, enquanto que a atividade da fosfatase alcalina foi observada no endotélio, na túnica externa e nos tecidos conjuntivos perivasculares dos vasos.

Em resumo

- O estudo do coração, do sistema vascular sanguíneo e do sistema linfático do corpo é conhecido como angiologia.
- O coração é um órgão muscular oco constituído por duas aurículas, as câmaras de receção, e dois ventrículos, as câmaras de descarga.
- A base do coração estende-se da 3rd à 6th costela.
- O nódulo SA é conhecido como o pacemaker do coração na parede da aurícula direita.
- O ligamento pericardico-frénico está presente no cão.
- A fossa oval está presente no septo intra-atrial.
- O coração é alimentado pelas artérias coronárias.
- A válvula auriculo-ventricular direita é protegida por apenas uma folha muscular forte nas aves.
- O tronco pulmonar comum está ligado à aorta descendente pelo ligamento arterioso.
- As comunicações entre vasos sanguíneos são conhecidas como anastomoses.
- Os vasos que fornecem os vasos sanguíneos espessos são conhecidos como vasa vasorum.
- A veia umbilical transporta o sangue oxigenado da placenta para o feto.
- No feto, o tronco pulmonar e a aorta descendente estão ligados pelo canal arterial.
- O líquido incolor dos tecidos é conhecido como linfa.
- A cisterna chyli é o reservatório de linfa onde se origina o ducto torácico.
- O coração actua como o órgão central do sistema circulatório.
- O estudo da angiologia inclui o coração, os vasos sanguíneos e os vasos linfáticos.
- O sistema circulatório desempenha a função vital de transportar os nutrientes através das substâncias alimentares digeridas para as células do corpo. Ajuda na remoção de produtos residuais e venenos do corpo e em vários outros processos corporais, como a proteção contra várias doenças e a manutenção da homeostase térmica. Também desempenha um papel importante na respiração, fornecendo oxigénio arterial às células e removendo o dióxido de carbono das mesmas, mantendo assim o corpo em condições

saudáveis.

- As artérias coronárias são artérias de tipo muscular.

- As artérias coronárias esquerda e direita fornecem sangue oxigenado ao coração.

- As artérias coronárias são os primeiros vasos sanguíneos que se originam da aorta ascendente.

- As artérias coronárias estendem-se desde a aorta até às paredes do coração e fornecem sangue às aurículas, aos ventrículos e ao septo do coração.

- Com o avançar da idade, os vasos coronários são normalmente bloqueados por materiais gordos, causando doenças coronárias como a aterosclerose, angina ou ataque cardíaco, degenerações do miocárdio, etc.

- A artéria coronária esquerda era mais longa do que a direita, o que era indicativo da sua maior contribuição para o miocárdio e, na maioria dos casos, a artéria coronária esquerda encontrava-se profundamente embebida no miocárdio.

- A artéria coronária esquerda cursava entre a aurícula esquerda e o tronco pulmonar, atingia o sulco atrioventricular e dividia-se em ramos paraconais interventriculares e circunflexos.

- A artéria coronária direita era consideravelmente mais curta do que a esquerda e, na maioria dos casos, encontrava-se embebida superficialmente na gordura subepicárdica.

- Histologicamente, observou-se que a forma do lúmen das artérias coronárias esquerda e direita era variável em diferentes locais ao longo do seu trajeto em todos os grupos etários das cabras.

- . As variações luminais dos vasos coronários também contribuem para a hemodinâmica da circulação coronária e também para o grau de desgaste e desenvolvimento de calosidades.

- O diâmetro horizontal máximo do lúmen da artéria coronária esquerda na origem foi registado em caprinos jovens.

- O diâmetro horizontal máximo do lúmen da artéria coronária esquerda na terminação foi encontrado em crianças.

- O diâmetro horizontal máximo do lúmen da artéria coronária direita na terminação foi anotado em adultos.

- Na origem, o diâmetro vertical máximo do lúmen da artéria coronária esquerda foi observado em adultos.

- O diâmetro vertical máximo do lúmen da artéria coronária esquerda na terminação foi registado em adultos.
- O diâmetro vertical máximo do lúmen da artéria coronária direita na terminação foi encontrado em adultos.
- A localização e a idade desempenharam um papel fundamental na determinação dos diâmetros horizontal e vertical do navio.
- O diâmetro horizontal máximo da artéria coronária esquerda na origem foi registado nos jovens.
- O diâmetro horizontal máximo da artéria coronária direita na origem foi observado em adultos.
- O diâmetro horizontal máximo da artéria coronária direita na terminação foi encontrado no adulto.
- O diâmetro vertical máximo da artéria coronária direita no meio foi registado em adultos.
- O diâmetro vertical máximo da artéria coronária direita na terminação foi anotado em adultos.
- A artéria coronária da cabra é do tipo muscular com três túnicas: íntima, média e adventícia, estando o seu lúmen localizado no centro.
- A túnica íntima é a túnica mais fina da parede da artéria coronária e é constituída por três camadas: endotélic, camada intermédia e lâmina elástica interna.
- O endotélio era revestido por uma única camada de células endoteliais, planas e de tipo escamoso, com uma região nuclear central ligeiramente elevada.
- O endotélio desempenha muitas funções vitais, como o transporte de substâncias de e para o sangue, a manutenção do tónus do músculo liso vascular, a regulação da coagulação sanguínea e a fixação dos glóbulos brancos à parede do vaso.
- A rugosidade do endotélio aumentou com o avanço da idade, o que pode ser atribuído ao aumento da incidência de aterosclerose nos grupos etários adultos.
- Esta camada média era a mais desenvolvida das três túnicas que constituíam a maior parte da parede da artéria coronária e consistia principalmente em músculos lisos, que tinham uma forma fusiforme com núcleos localizados centralmente.

- O número de camadas de fibras musculares lisas diminuiu gradualmente em ambas as artérias coronárias, à medida que estas se deslocavam da origem para a terminação.
- As pequenas artérias originavam-se das grandes e penetravam no ambiente de fibras elásticas e músculo liso densamente compactado da túnica média, conhecido como vasa vasorum.
- Trata-se da camada mais externa da parede da artéria coronária, que apresenta um tecido conjuntivo irregularmente disposto com fibras colagénicas e elásticas.
- A presença de fibras de colagénio na parede da artéria coronária pode ser atribuída à sua contribuição para ajudar a parede do vaso a resistir a alterações internas relacionadas com a hemodinâmica, para além da proteção.
- A atividade PAS foi encontrada na túnica externa e na íntima da artéria coronária, com ausência de atividade na média.
- A presença de atividade PAS positiva durante o desenvolvimento das artérias coronárias pode ser considerada como necessária para uma maior necessidade de energia para a proliferação de tecidos que ocorre na altura do desenvolvimento das artérias com o avançar da idade. Em segundo lugar, a presença de glicogénio nas artérias pode funcionar como uma fonte de energia para os elementos endoteliais e do tecido conjuntivo recém-formados durante a atividade mitótica.
- As deposições de lípidos foram encontradas em todas as túnicas da artéria coronária.
- A deposição de lípidos tanto na artéria coronária esquerda como na direita aumentou com o avançar da idade dos animais. Isso aumentou o grau de incidência de formação de placas, aumentando assim a chance de ocorrência de aterosclerose em adultos seguidos de cabritos e cabras jovens.
- A atividade da fosfatase ácida estava limitada ao endotélio e à túnica externa da artéria coronária.
- A presença da atividade da fosfatase ácida estava associada à atividade lisossomal e a sua importância estava relacionada com a sua capacidade de catalisar a enzima hidrolase. A presença da atividade da fosfatase ácida no endotélio e na túnica externa das artérias coronárias pode ser atribuída à desintegração das células, quer por apoptose, quer por qualquer outra doença.
- A atividade da fosfatase alcalina foi registada no endotélio, na túnica externa e nos tecidos

conjuntivos perivasculares da artéria coronária.

- A presença de atividade da fosfatase alcalina no endotélio, na túnica externa e no tecido conjuntivo perivascular pode ser considerada como um sinal de aumento da atividade metabólica em torno das artérias coronárias, o que era indicativo de atividade de desfosforilação destinada à absorção e transporte através destes vasos sanguíneos.

MIX
Papier aus verantwortungsvollen Quellen
Paper from responsible sources
FSC® C105338

Printed by Books on Demand GmbH, Norderstedt / Germany